건축이 중요하다

ARCHITECTURE MATTERS

ARCHITECTURE MATTERS
BY AARON BETSKY

Architecture Matters © 2017
Aaron Betsky

First published in the United Kingdom in 2017
by Thames & Hudson Ltd,
181A High Holborn, London WC1V 7QX

Korean edition © 2021 by IU Books
Korean translation rights are arranged
with Thames & Hudson Ltd, London through
AMO Agency, Seoul, Korea

건축이 중요하다:

건축이 중요한 마흔여섯 가지 이유

애런 베츠키(Aaron Betsky) 지음

조순익 옮김

이유출판

일러두기

1. 이 책은 저자인 애런 베츠키가 탈리에신 건축학교의 교장으로
재직한 2017년에 쓴 것이다. 탈리에신 건축학교는 프랭크 로이드
라이트 재단 측의 재정 문제로 2020년 6월에 폐교되었다. 재단
이사회는 라이트의 제자 파올로 솔레리가 설계한 코산티와
아르코산티에 다시 학교를 열 계획이다. 저자는 현재 버지니아
공과대학교(Virginia Tech.) 건축디자인대학의 디렉터로 자리를
옮겼다.

2. 이 책에 등장하는 각주는 모두 옮긴이가 쓴 것이다.

이 책의 메시지는 그 제목에 있다. '건축이 중요하다.' 건축은
우리가 주변과의 관계를 설정할 수 있는 방식을 제공하기 때
문에 중요하다. 자연 풍경과의 관계, 인간이 만든 경관과의 관
계, 그리고 다른 인간과의 관계 말이다. 건축은 과거 세대가
품었던 희망과 꿈, 두려움을 간직한 유산이기 때문에, 또한 더
좋은 사회를 만들기 위한 초석을 제공하기 때문에 중요하다.
건축은 점점 더 혼란스럽고 인간을 소외시키는 세계 속에서
우리에게 편히 쉴 곳을 제공하는 아름다운 것이기 때문에 중
요하다. 건축은 우리가 사는 곳을 더 지속 가능하게 만들고 미
래 세대를 위해 보존하는 법을 파악하도록 도와주기 때문에
중요하다. 이 모든 이유에도 불구하고, 건축은 우리에게 기쁨
을 줄 수 있다는 것만으로도 중요하다고 말할 수 있다.

이 책에서 나는 디자인하는 법뿐만 아니라 주변의 풍경을 바
라보고 이해하는 법까지 학습해온 나만의 경험들을 나누고
자 했다. 내게 건축이란 우리 세계를 바라보고 인식하는 하나
의 방식이기도 하다. 따라서 건축에 관심 있는 이들에게 내
가 전하고 싶은 첫 번째 조언은 자기 주변에 있는 걸 오랫동
안 열심히 바라보라는 것이다. 좋은 것도, 나쁜 것도, 평범한
것도 말이다. 건축을 배우는 가장 좋은 방법은 도시와 교외를
탐험해보고, 자신의 삶터와 일터에 있는 들판과 산맥을 돌아
다녀보는 것이다. 자연과 인간의 창조물을 보면 볼수록, 그런
걸 만드는 방식과 그런 장소를 자기만의 것으로 만드는 법을

더 잘 이해하게 될 것이다.

하지만 우리는 전 지구적인 문화와 경제 속에서 살고 있다. 따라서 건축가가 된다는 것은 그 가상의 연결망과 사회적 플랫폼, 주류 문화, 그리고 공유되는 건축 역사를 인식하는 일이기도 하다. 오늘날 우리가 생산하는 건물은 거의 모든 곳에서 동일한 규범과 금융 기법을 통해 실현된다. 건물은 재료로 만들어질 뿐만 아니라, 어디서나 쉴새 없이 돌아가는 컴퓨터 프로그램으로 표준화된 척도에 따라 생산된다. 또한 로스앤젤레스부터 파리와 서울에 이르기까지 건물의 기능은 점점 더 동일한 형식의 생활과 업무와 놀이에 맞춰진다. 결국 이런 건물들은 책과 영화를 비롯한 여러 매체를 통해 공유되는 선례와 영감을 반영한다.

문제는 그러한 전 지구적 문화 속에서 대한민국에 뭔가 다른 게 존재하는지, 또는 한국에서는 다르게 행동하거나 생각할 필요가 있는지의 여부다. 나는 삼십 년간 정기적으로 서울을 방문했는데, 그동안 거친 조직체였던 서울이 아시아와 세계 문화의 중심을 이루는 정교한 대도시로 빠르게 성장하는 걸 지켜봤다. 그런 발전 과정에서 건축이 한몫을 했다─비록 충분히 큰 몫은 아니었을지라도 말이다. 서울은 (아쉽게도 나는 서울과 그 일대만 가봤다) 과거나 지금이나 상자들로 이루어진 도시다. 다층의 다용도 건물군이 도시 조직을 구성할 뿐만 아니라, 유리와 철로 만든 텅 빈 상자들의 집합이 현재 도심을 에워싸고 있다.

한반도에 이보다 훨씬 더 오래되고 특수한 건축의 전통이 존재한다는 건 분명한 사실이다. 하지만 그런 전통은 어디에나 있는 토속 건축처럼, 특정한 재료와 집 짓기 풍습뿐만 아니라 사회·경제 조직의 형식에 따른 것이기도 하다. 말하자면 이런 전통은 한편으로 농장 건물과 중정 주택 같은 유형에, 다른

한편으로는 대저택과 사당 그리고 매장지 같은 유형에 존재
한다. 한국의 현대 도시들이 존재하는 형식은 전 세계의 여느
도시 환경에서 보게 되는 형식과 본질적으로 다르지 않다.

물론 적어도 아시아 내에서는 다양한 변이가 존재한다. 이는
서울을 비롯한 여러 도시들이 성장한 시대와도, 식민지하의
공권력이 남긴 영향과도 부분적으로 관련이 있다. 따라서 도
시의 작은 틈새 건물에 식당과 같은 상점 기능이 층층이 배치
되는 경우가 흔하고, 고층의 사무소나 호텔 건물 밑에는 쇼핑
몰이 들어선다. 거대 단지를 형성하는 넓은 대로변과 그 이면
의 좁은 골목길이 대비를 이루며, 아파트는 흔한 주거 양식으
로 자리잡았다. 최근에는 파주출판도시와 같이 특정 산업을
중심으로 한 교외단지가 출현하면서 내가 지금껏 한국에서
본 최고의 건축 실험에 속한 몇몇 사례를 만들어냈고, 아울러
청계천 복원과 같이 (비록 그 디자인은 그리 좋지 않을지라
도) 혁신적인 시도도 이뤄지면서 한국은 현대 건축에서 자기
정체성을 얻기 시작했다.
한국은 스마트 도시 운동부터 케이팝의 부상에 이르기까지
다양한 경제·문화 현상을 이끌어온 선두주자다. 다만 내가 실
망하는 지점은 한국의 건축이 일부 재벌 기업에서 나오는 엄
청난 기술 혁신은 물론이고 다양한 혁신적 현상을 건축적인
실험으로 통합할 방법조차 거의 못 찾은 걸로 보인다는 점이
다. 케이팝 그룹들을 만들어낼 정도의 집중력이 일부나마 건
축 환경에 반영된다면 정말 좋을 것이다. 나는 한국의 건축가
들이 스마트 도시를 이루는 영혼 없는 유리 마천루와 반복적
인 모양의 아파트 단지 안에 삼성 핸드폰의 세련미와 한국적
풍경의 특수성을 도입할 방법을 찾기를 소망한다.

또한 한국 건축에는 무거움도 있다. 정사각형의 육중한 매스
가 중심을 이루기 때문이다. 나는 이게 인간적인 위협과 자연

적인 위협을 모두 두려워한 자연스러운 결과라는 얘기를 들었다. 한국에서 작업하는 건축가들은 최근에야 겨우 그 거대한 단지에 구멍을 뚫거나, 측면을 구부리거나, 매스를 베일이나 막으로 가리는 작업을 하기 시작했다.

내가 한국에서 본 최고의 건축은 직선을 활용하되 그걸 잡아 찢고, 변형하고, 스크린으로 덮고, 반투명 재료를 활용해 무겁지 않은 구조물을 만들어내거나, 우리가 보고 있는 것을 다시 생각해보도록 유도한다. 파주출판도시 같은 교외의 여러 실험부터 작은 주택, 미술품 갤러리, 강남의 조밀한 건물군에 이르기까지, 상자의 물성을 해체하는 시도야말로 서울이 꿈꾸는 변신을 핵심적으로 보여주는 듯하다.

내가 일하며 생활한 프랭크 로이드 라이트의 탈리에신에서는 상자를 타파하는 전통을 계속 이어왔다. 나는 한국의 차세대 건축가들이 상자를 깨부숴 여는 것에 그치지 않고, 그걸 훨씬 더 강렬하고 가볍고 이상하게 만들기를 희망한다. 닫힌 상자의 껍질을 깨고 나온 질료들이 한국의 시민과 세계에 모두 선물을 안겨주는 한국 건축을 보고 싶다.

애런 베츠키

나는 어딘가에 잘 빠져드는 성격이다. 다행히도 주로 건축에 빠져 지낸다. 아침에 일어나 건축 현장들을 둘러보고 하루 종일 건축을 바라본다. (운 좋게도 나는 프랭크 로이드 라이트의 숨결이 살아 있는 대표적인 두 곳인 탈리에신과 탈리에신 웨스트Taliesin and Taliesin West에서 일한다. 이곳에서 매일같이 내게 필요한 걸 찾아낸다.) 끊임없이 건축에 대해 얘기하며, 가르치고, 글을 쓰고, 논쟁하다 보면 다시 잠자리에 들 시간이 된다. 여행을 할 때면 위대한 건축의 현장들을 방문하고 최근 지어진 건축을 보려고 하며, 아름답거나 흥미로운 공간이 있다면 그게 무엇이든 간에 될수록 흠뻑 몰입해서 경험하려고 한다.

내가 하지 않는 유일한 활동은 전통적 의미의 건축 작업이다. 그 대신 이런 책을 만들고, 기고문을 쓰며, 강의를 하고, 학생들을 가르친다. 나도 한때는 디자이너가 되려 했었고, 사실 디자인 실력도 꽤 좋았다고 생각하는 편이다. 하지만 그보다 글쓰기와 비평, 편집 그리고 학생이 디자인을 더 잘할 수 있게 해주는 조력자로서 재능이 더 크다는 것을 일찌감치 깨달았다.

내가 제도판 앞에 앉아서 한 일은 건축을 중심으로 예술과 예술사, 철학을 비롯한 여러 분야에서 가져온 이미지와 아이디어를 모으고 분류해서 해석(또는 오해)한 다음, 건축이 중요한 이유에 대한 이론들을 함께 엮어내는 일이었다.

하지만 추상적인 작업만으로는 건축을 사랑하는 법을 배울 수도 없고 건축이 왜 중요한지 파악할 수도 없다. 나는 건물과 대지, 실내, 이미지를 경험함으로써 건축을 사랑하는 법을 배웠다. 강연 요청을 받거나 건축 문화의 일부에 기여해달라는 요청을 받아 전 세계를 돌아다니기도 하지만, 사실 내가 세계 여행을 하는 이유는 인간이 인간적인 모습의 공간으로 바꿔놓은 장소를 경험할 수 있기 때문이다. 아름다운 건물을 보거나 인공미와 자연미가 공존하는 장소를 걷는 일이 세상 무엇보다 더 즐겁다. 이 책을 통해 바로 그런 경험을 독자와 나누고 싶다. 독자 스스로도 직접 그런 경험을 해보기 바란다. 바깥에 나가 건물을 찾아보라. 기둥을 한 아름 껴안아 보거나, 한 도시를 돌아다니거나, 당신을 뭔가 다른 곳으로 이끌기 위해 공들여 만든 환경 속에 흠뻑 빠져보라.

꼭 진짜 여행을 떠날 필요는 없다. 여행 못지않게 영화와 비디오, 고전 양서에도 우리를 새로운 현실로 이끄는 힘이 있으니까. 좋은 소설이나 영화를 가슴에 품고 더욱 열렬히 여행해보라. 이 책의 대부분은 내가 그렇게 상당한 시간을 보내고서 만든 결과물이다.

1

모든 건 슈뢰더 부인이 타주신 차와 함께 시작되었다. 나의 고등학생 시절 얘기다. 나는 미국 몬태나주 미줄라에서 태어나 네 살 때 부모님 그리고 누이와 함께 네덜란드의 한 작은 마을로 이사해 고등학교까지 다녔다. 당시 학교에서 '더 스테일(De Stijl)'이라는 예술 운동에 관한 에세이를 써오라는 숙제를 받은 적이 있다. 이 운동의 이름은 그 유파에 속한 예술가들이 출판한 동명의 잡지에서 따온 것으로, 영어로 치면 '스타일(The Style)'이라는 뜻이다. 이 운동의 가장 유명한 주창자는 네덜란드 화가 피트 몬드리안이었는데, 그의 그림은 세심하게 짜인 검은 선들이 원색의 정사각형과 직사각형을 덫처럼 포획하는 형태로 발전했다. 마치 그 폭과 길이에 대한 느낌만을 담아낸 듯한 완벽한 구성의 그림이었다. 나는 이러한 추상을 이해해보려고 열심히 노력했다. 그래도 뭐, 그건 영락없는 추상이었다.

　그의 평면적인 그림을 이해하지 못해 낙담하던 내 맘을 어찌 아셨는지, 선생님께서 말씀하셨다. "너도 알겠지만, 몬드리안 그림을 3차원으로 구현한 듯한 집이 있단다. 그 집 주인이 내 친구니까 직접 가서 한번 보고 오렴." 그러더니 방문 약속을 잡아주셨고, 어느 햇살 따사로운 봄날에 나는 자전거를 타고 거의 9킬로미터를 달려 그 집에 도착했다. 건물 앞에 이를 때까지, 내가 아는 네덜란드의 다른 동네와 다르지 않은 벽돌

집들이 눈앞을 스쳐 갔다. 어느새 길 끝에 하얀 선이 하나 나타났고, 꼭대기의 수평면 밑으로 깊이 팬 벽감이 나타나더니 건물의 정면을 따라 노란색 띠가, 그 뒤로 빨간색 띠가 나타났다. 발코니 하나가 그림자를 가로질러 흰색 벽체와 이어지고 있었는데, 그 벽체에는 규모를 가늠할만한 창도 문도 디테일도 전혀 없었다.

조금 당황스러웠다. 나는 내려서 흰색 말뚝으로 만든 담장에 자전거를 걸쳐 세웠다. 그리고 집의 반대편을 보니 실내의 부피감이 느껴지는 외관에서 선과 면의 밀고 당기는 리듬이 펼쳐지고 있었다. 선생님이 하신 말씀의 의미를 알 것 같았다. 그 옆으로는 벽돌이 벗겨지고 탈색된 구조가 드러난 집들의 뼈대가 늘어서 있었다. 이건 그냥 단순한 집이 아니었다. 그보다는 건물을 짓기 위한 비계나 뭔가를 구축할 수 있는 건설 부재에 가까웠다. 수많은 가능성으로 가득했고 미완이었으며 아무런 가공도 하지 않았지만, 이상하게도 주변의 침착한 분위기보다 훨씬 생동감이 넘치는 곳이었다.

훗날 나는 1924년에 이 집이 완공될 당시에는 바로 옆의 고가도로가 없었다는 사실을 알게 되었다. 당시에는 이 도회적인 집의 면들이 탁 트인 시골의 목초지와 관개수로가 만들어내는 기하학적 풍경 속으로 스며들었으리라.

나는 문을 열고 안쪽으로 들어가 초인종을 눌렀다. 그 앞에 작은 벤치가 보였는데, 나중에 보니 이 댁 아들의 친구들은 이 벤치에 앉아 1층의 작은 방 창문으로 친구에게 말을 걸곤 했다.

80대의 슈뢰더 부인이 문을 열어줬고, 나를 위층으로 안내했다. 온 세상이 조각나는 느낌이었다. 그것 말고는 당시 내가 마주한 복잡한 광경을 말로 표현할 길이 없다. 계단은 2층 한가운데로 이어졌고 2층에서도 면들의 게임은 계속되었다. 하지만 이내 밝은색 면들이 이어졌다. 빨간 바닥과 파란 바닥이 나타났고 파란 천장이 나타나더니 머리 위로 노란색 띠가 지나갔다. 곧 이 모든 변화가 일어나는 이유를 분명히 알 수 있었는데, 슈뢰더 부인이 이동식 벽체를 움직이기 시작한 것이다. 벽체가 움직이자 커다란 방 하나가 둘로 나뉘었고 그다음엔 셋, 넷으로 분할되더니 결국 계단을 제외한 모든 공간이 벽으로 에워싸였다. 벽으로 닫힌 각각의 공간에서도 면들이 모이거나 흩어지면서, 어떤 물체의 형상도 만들어내지 않은 채 방의 형태를 구성했다.

그곳에 있던 붙박이 벽장, 의자, 소파, 책상, 탁자와 같은 사물들은 모두 한 사람이 디자인한 것이었다. 이 집을 설계한 헤리트 리트펠트는 원래 슈뢰더 부부가 귀금속 매장 인테리어를 다시 하려고 고용한 가구 디자이너였다. 이 집은 리트펠트가 이후 디자인을 이어갈 여러 건물 중 첫 번째 작품으로, 그가 디자인한 적청 의자(Red-Blue Chair) 못지않게 유명세를 누렸다. (적청 의자는 검은색 페인트로 칠하고 노란색으로 끝마무리한 막대 구조 위에 빨간색 경사면과 파란색 경사면을 결합해 만든 의자다.)

이것이 바로 건축이다. 그 공간은 그걸 어떻게 사용하느냐, 즉 혼자 쓸지 아니면 다른 사람과 함께 쓸지에 따라 변경할 수 있다. 공간을 이루는 모든 면과 구획을 하나하나 인지하고 가늠하면서 자기 몸이 주변 환경과 맺는 관계를 알 수도 있다. 완공 후 50년이 지났지만 여전히 과감한 현대적인 주택인 것이다.

"이 모든 걸 움직이다 보니 덥구나." 슈뢰더 부인이 말했다. "우리 차 좀 마실까? 저기 구석의 탁자 옆에 앉으렴." 나는 부인의 말씀대로 탁자 옆에 앉아 주위를 둘러봤다. 그동안 부인은 손을 뻗어 구석에서 만나는 모든 창문의 죔쇠를 돌려 열었다. 갑자기 경계가 사라졌다. 마치 모든 실내 공간이 정원으로 확장되고, 외부 공간이 모두 그 방으로 침투하는 듯한 느낌이었다.

나는 반하고 말았다. 건축으로 이런 걸 할 수 있다니! 그 순간 건축가가 되고 싶었다.

하지만 결국 나는 건축가가 되지 못했다. 가능한 한 많은 건물을 답사하며 건축을 공부했고, 공식적으로 건축석사 학위를 땄는데도 말이다. 몇몇 건축사무소에서 일한 뒤 내 사무소를 열기도 했지만, 건축사 자격을 취득한 적은 없다. 나는 내가 사랑하는 일이 현재 내가 하고 있는 일이라고 판단했다. 건축이 할 수 있고 건축이 될 수 있는 모든 것을 위해 나의 열정을 나누는 일 말이다.

2

나는 예일 대학교에서 공부했다. 누군가는 이곳을 명문대학이나 그저 콧대만 높은 대학으로 생각할 수도 있는데, 실은 건축에도 매우 신경을 많이 쓴 학교이기도 했다. 입학한 지 얼마 되지 않은 1학년생일 때, 나는 네오고딕과 신 식민지풍 건물이 그득한 동화 속 세상에 있는 듯한 기분이 들었다. 몇몇 현대식 건물을 제외하면 목가적인 풍경 일색이었다. 이런 캠퍼스가 처음에는 다소 이상하고 비현실적이라고 느꼈지만, 시간이 갈수록 주변 건물들이 더 흥미롭게 다가왔다. 급기야 나는 이 캠퍼스의 대부분을 설계한 건축가를 다룬 연구서를 처음으로 출판하기도 했다. 그를 연구함으로써 비로소 내가 건축에서 흥미를 느끼는 요인이 무엇인지 알 수 있었다. 나의 관심사는 공간을 창조하는 아름다움에 그치지 않았다.

그 건축가의 이름은 제임스 갬블 로저스다. 그에 대한 이야기와 그가 예일 대학교 건축에 관여한 과정을 접하면서, 나는 건축이 또 다른 세계를 만들어낼 수 있음을 실감했다. 단순히 물리적인 세계가 아니라, 그 존재감과 이미지와 공간을 활용해 우리가 함께 공동체를 만들어내고 비전을 제시하는 힘이 건축에 있음을 깨달았다. 예일 대학교의 경우에는 캠퍼스 조성에 많은 돈이 들어갔지만, 그 원리는 다른 상황에도 충분히 적용해볼 수 있다.

로저스는 켄터키의 시골 마을에서 태어나 유년 시절 시카고로 이사했다. 그는 특별히 부유한 가정에서 태어나진 않았으나 예일 대학교에 장학생으로 입학할 만큼 아주 똑똑했다. 하지만 재학 시절 너무 열심히 노는 바람에 거의 제적당할 위기에 놓이기도 했다. 그가 건축 분야에 대한 관심이나 지식이 있었는지에 대해서는 확실히 입증되지 않았지만, 어쨌든 그는 시카고로 돌아가 건축가로 일했다. 당시 시카고는 호황이어서 일찌감치 사무소를 차리고 수주도 제법 받았다. 사무소가 눈에 띄게 성장하며 야심이 커진 로저스는 제대로 교육을 받아야겠다는 생각에 자기 사무소를 동생에게 맡기고 파리로 날아가 전통적인 교육을 하는 건축학교에 다녔다.* 다시 시카고로 돌아온 그는 시카고 유력 가문의 딸과 결혼했고, 여러 채의 집과 사무소와 학교를 설계한 뒤 뉴욕으로 이사해 미국 전역의 일을 수주했다.

로저스(1867-1947)는 1892년에 파리로 떠나 에콜 데 보자르(École des Beaux-Arts, 프랑스 국립 고등미술학교)에 입학했고, 1898년에 건축 전공으로 졸업했다. 당시 에콜 데 보자르는 절충주의 양식을 교육하는 곳으로 유명했다.

로저스의 경력에서 가장 결정적인 순간은 1917년 그의 모교에 기숙대학(residential college)인 메모리얼 쿼드랭글(Memorial Quadrangle)을 설계해달라는 의뢰를 받았을 때였다. 1921년에 완공된 이 건물은 당시 급성장하던 캠퍼스에 필요한 기숙사 단지였다. 또한 미국 내 손꼽히는 부자의 아들이자 존 D. 록펠러의 변호사요 사업 파트너였던 찰스 하크니스를 위한 기념관이기도 했다. 로저스는 메모리얼 쿼드랭글을 설계할 때 (또는 아마도 그전부터) 찰스의 동생 에드워드를 알고 있었을 것이다. 가문의 부를 대부분 물려받은 에드워드는 평생 기부를 실천한 인물이다.

에드워드 하크니스의 후원은 주로 학교와 대학 그리고 나중에는 병원 건물의 설계를 의뢰하면서 이뤄졌다. 그는 늘 로저스를 건축가로 선임해 설계를 의뢰했다. 1924년부터 두 사람은 당시 예일 대학교 총장이었던 제임스 롤런드 에인절과 협의해 인문대학을 기숙대학으로 재편하기로 했고, 이로써 로저스는 진정한 자기만의 작업을 하게 된다.

결국 예일 대학교에 총 열두 개의 기숙대학이 들어섰는데,* 그 모든 대학의 기초가 된 모델이 바로 로저스가 개발한 메모리얼 쿼드랭글이었다. 이 기숙대학 모델의 제1차 단지는 브랜포드 칼리지와 세이브룩 칼리지로 양분되었다. 나는 브랜포드 칼리지에서 지냈었는데, 중정에 앉아 그곳이 얼마나 독특한지 실감했던 기

저자가 이 글을 쓴 이후인 2017년에 벤저민 프랭클린 칼리지와 파울리 머레이 칼리지가 추가로 신설되어 예일 대학교의 기숙대학은 총 열네 개가 되었다.

억이 난다. 메모리얼 타워는 넓은 세상을 향해 그 건물의 중요성을 알리는 등대와 같은 역할을 했다. 중정 반대편에 서 있는 좀 더 작은 타워는 브랜포드 칼리지의 최초 후원자인 엘리후 예일이 예배를 하던 교구 교회를 본뜬 것이었다. 작은 탑들에는 아래쪽을 응시하는 여러 유명 시인과 철학자의 얼굴이 마치 우리가 되고 싶어 하는 우상들인 양 걸려 있었다. 중정을 둘러싸는 기숙사 방들의 석재 입면은 자연스레 눈이 갈 수밖에 없을 만큼 복잡하게 마감되었으며, 철골 구조를 기본으로 한 기숙사 건물군은 타워와 교차 박공, 돌출형 처마, 지붕창, 통로를 통해 분절되어 있었다. 사람들의 모임 공간으로 넓은 중정이 있고, 구역마다 여러 방의 룸메이트끼리 모일 수 있는 더 작은 공간이 있어서 다양한 커뮤니티를 형성할 수 있었다. 마치 교회의 회중석처럼 생긴 식당이 전체를 관통하고, 그 밑으로는 함께 모여 독서하거나 이야기할 수 있는 거실이 일렬로 늘어서 있었다.

기숙대학 시스템을 연구하면서 나는 이 모든 것에 어떤 논리

엘리트 공동체를 짓는 법

가 있음을 깨달았다. 하크니스와 로저스와 에인절은 이 기숙 대학이 너무 크고 다양해지고 있다고 여겨 하나의 공동체를 만들어야겠다고 생각했다. 다양한 배경의 사람(당시에는 남성)들을 모아 공부하고 놀며 생활하는 장소를 제공함으로써 서로 가치관을 공유할 수 있는 공동체를 만들기로 한 것이다. 미래의 지성과 인맥을 일구려는 이러한 노력은 젊은이들이 모이는 공간에서도, 출입로 위에 새긴 명문에서도, 건물이 출현하는 방식에서도 엿볼 수 있다. 로저스는 유럽을 둘러보면서 옥스퍼드와 케임브리지뿐만 아니라, 프랑스의 여러 수도원에서도 엽서를 수집했다. 그러고는 그 이미지들을 혼합해 중세까지 거슬러 올라가는 전통적인 장소의 느낌을 새 건물에 도입했다. 급기야 처음부터 오래되고 낡은 건물처럼 보이게 하려고, 공사 시방서에 창유리를 깨뜨린 후 수리해서 설치하도록 지시사항을 적어두기도 했다.

이 건축은 과학적인 건설방식과 연구와 조직을 활용해 완전히 인공적인 장소를 만들려는 시도였다. 결국 그 의도는 성공했다. 50년 전 내가 다닌 예일 대학교는 충분히 중세적이라고 할 만큼 매우 고풍스럽고 역사적인 분위기를 풍겼다. 그런 분위기는 사람들이 공통된 가치관을 형성하기에 매우 효과적이어서, 성미 고약한 장발의 급진 좌파였던 나조차도 곧 '보수적인 엘리후 예일*의 아들'이 될 정도였다.

1701년에 개교한 예일 대학교는 이 대학에 많은 기부를 한 엘리후 예일 (Elihu Yale 1649-1721)의 이름을 땄다.

여기서 더 놀라운 건 로저스가 철저히 근대적인 방식으로 건축을 했다는 사실이다. 내가 아는 한 그는 모든 건물을 설계하지 않았다. 그는 감독이었고, (결혼을 통한) 사회적 인맥과 수완과 매력을 갖춘 덕분에 많은 의뢰를 받았을 뿐만 아니라 그것을 시공으로 실현하는 데 필요한 사업적 혜안까지 갖춘 인물이었다. 또한 그의 주변에는 매력적인 이미지를 만들어낼 수 있는 재능 있는 렌더링 기술자, 디자인을 실현할 수 있는 장인을 비롯해 그럴듯한 환상으로 의뢰인을 설득하는 데 필요한 거의 모든 영역의 전문가가 포진하고 있었다.

메모리얼 쿼드랭글의 건물들은 하나의 작품으로서 그 의도를 관철시켰다. 하지만 그 이상으로, 주변 세상과는 분리된 이질적인 장소를 만들어냈다. 로저스가 설계한 커뮤니티는 슈뢰더 주택만큼이나 특유의 방식으로 낯설게 계획된 건축이었다. 하지만 규모가 훨씬 더 컸고, 그 양식이 대부분의 사용자에게 친숙하게 다가갔음에도 그리 평범하다고 볼 수는 없었다. 나는 로저스가 설계한 곳에서 4년간 대학생활을 한 끝에 건축이 늘 이상하거나 색다르거나 놀라울 필요는 없다고 확신하게 되었다. 건축은 사용자를 은근히 괴롭히면서 변화시킬 수도 있다.

또한 내가 얻은 중요한 교훈이 하나 더 있다. 건축은 그 값을 지불하는 사람들, 그리고 자기 세계관이 건물로 실현되는 모습을 보고 싶어 하는 사람들에게 호응한다는 것이다.

엘리트 공동체를 짓는 법

3

거의 아무것도 하지 않고도 무언가를 해내는 법

내 전공 분야에서 슬그머니 뒤통수를 치는 법을 알게 되기까지는 몇 년이 걸렸다. 나는 스물두 살 때 로스앤젤레스를 처음 방문했고, 거기서 내가 한 세대를 대표하는 최고의 건축가 중 한 사람이라 생각해온 인물과 함께 지냈다. 캘리포니아를 벗어나면 거의 무명에 가까웠던 프랭크 게리는 내가 예일 건축대학원 재학 시절에 가르침을 받은 선생님 중 한 명으로서, 어느 날 자신의 집에서 며칠간 머무르라며 나를 초대했다. 산타모니카에 있는 그의 자택은 이미 건축가들 사이에서 유명했고 그 동네에서는 악명 높은 집이었다.

나는 게리의 안내를 받으며 그의 스튜디오를 둘러봤다. 그곳은 선선한 바닷바람이 부는 축제의 땅, 캘리포니아 베니스의 해변에서 몇 발짝 가면 나오는 다 쓰러져가는 볼품없는 곳이었다. 그의 사무소 직원들은 열두 명뿐인 데다 진행 중인 프로젝트도 몇 건뿐이었다. 하지만 그중 한 프로젝트가 유독 매력적으로 다가왔는데, 로스앤젤레스의 트롤리* 차고였던 공간을 초창기 로스앤젤레스 현대미술관(Museum of Contemporary Art, Los Angeles)의 기획전시 공간으로 개조하는 프로젝트였다. 게리는 내게 건물의 모형을 보여주면서, 철골 기둥의 하부를 미장 벽토로 마감해 내화 처리를 할 거라며 그가 새로 짓고 있는 경사로에 대해 설명했다. 그 외에는 별다른 게 없었다. 모형을 바라보던

> * 궤도상에서 이동하는 고가 활차

나를 쳐다보며 그가 말했다. "내가 사실 아무것도 하지 않고 있단 얘기는 아무한테도 하지 말게."

그 짧은 대화 속에서 나는 첫 번째 교훈을 얻었다. 좋은 건축가는 대개 약간 정치인 기질이 있다는 것. 그들은 알게 모르게 듣는 이가 특별한 기분이 들게 한다. 다른 사람들이 느끼지 못하는 방식으로 당신만이 그들과 특별한 신뢰관계를 갖고 있다는 듯이. 나는 게리가 모형을 보여줄 때면 누구에게나 똑같이 말한다는 사실을 나중에야 알게 되었다.

하지만 내가 느낀 또 다른 교훈은 그런 말이 어느 정도는 진실이라는 점이었다. 적은 예산으로 현대미술을 시원하게 전시할 수 있는 대규모 건물을 완성해야 하는 상황에서, 게리는 기존 건물을 약간만 변경했다. 그는 기존의 바닥과 벽체와 천장을 말끔하게 정리해 구조적 안정성을 확보했다. 다양한 높이로 연결되는 계단과 경사로를 만들고 건축 법규가 요구하는 만큼만 내화 처리를 했다. 그러고는 큐레이터와 협력해 미술품을 걸 수 있는 흰색의 독립 벽체를 설계했고, 내부의 전시 내용을 알리는 캐노피와 매표소를 만들었다. 재료와 새로운 형태의 사용을 최소화한 건축이었다. 그렇게 기존의 구조를 드러내고 강조하는 효과를 냈다. 천창으로 자연광이 내리쬐는 넓은 공간은 그 자체로 인상적이었기 때문에 많이 바꿀 필요가 없었다. 공간을 에워싸는 벽면의 녹청은 지나온 세월을 드러냈고 볼트와 나사 등 그대로 노출된 이음 부재는 산업적인 표현의 흔적이었다. 그 장소의 현실과 건설 과정을 이해할 수 있는 공간이 된 것이다.

게리가 한 것은 우리가 만든 세상의 누추하고 일상적이며 버려진 현실에 깃든 아름다움을 드러내는 일이었다.

그는 보통 사람들이 눈여겨보지 않던 것에 새삼 주목하며 경이감을 느끼게 했다. 당시는 예술가들이 옛 산업 시설을 다락

거의 아무것도 하지 않고도 무언가를 해내는 법

방으로 개조해 작업실과 생활공간으로 만들기 시작한 때였고, 그런 분위기 속에서 게리는 산업혁명의 산물을 재평가하고 심지어 찬미했다. 산업 시설을 효율적인 공장 생산을 위한 필수 요소가 아니라 개성적인 소비 요소로 활용하면서, 질감과 표현적인 부재들로 기억과 연상을 불러일으켰다.

공장이나 창고처럼 이름 없는 건물도 아름다울 수 있다는 사실을 보여준 이들이 바로 게리와 같은 건축가들이다. 그들이 드러내 보인 평범함, 꾸밈없는 구조와 규모는 현대 건축에서 흔히 볼 수 있는 진부하고 요란한 특질과 대비되어 더욱 빛나는 힘을 발휘했다.

예전이나 지금이나 만듦새가 잘 드러나는 사물에는 아이러니하게도 소비의 욕망이 가장 집중된다. 우리는 진정성을 원하며, 무언가를 정교하게 만드는 인간의 능력을 그대로 보여줄 만한 증거를 원한다. 또한 새로운 해석과 활용이 가능하도록 개방적이며 추상적인 공간을 원한다. 로스앤젤레스의 차고들은 그러한 모든 특질을 갖춘 데다, 일상에서 거의 쓰이지 않아 더더욱 완벽한 곳이었다. 이런 차고를 활용한 작업은 고상한 건물을 개조해 달콤한 향수를 불러일으킨다기보다 원래 존재했던 무언가를 상기시킨다.

게리가 하지 않은 것만큼이나 그가 무얼 했는지도 중요하다. 그는 건축물의 외관에 상당한 영향을 끼치는 건축 법규와 안전 규정을 최소한으로 충족하는 형태를 만들어냈다. 그렇게 나온 평면 구성은 고전적 비례미를 반영했을 뿐만 아니라 관청 건축부서의 규정집에 실린 용도를 다루었고, 기존의 건물처럼 건설 실무와 효율성, 안전을 고려해 형태를 결정하는 아름다움을 드러냈다.

건축은 우리가 역사책에서 배우는 것과 아주 다른 이유로도 즐거움을 줄 수 있다. 건물을 만들고 사용하는 방식에서도 유기적으로 아름다움을 이끌어낼 수 있기 때문이다.

프랭크 게리의 계산적이면서도 진실한 정직성 그리고 실용적이기까지 한 태도는, '못생기고 오래된 것이 곧 아름답고 새로운 것일 수도 있다'라는 평행우주 같은 개념으로 나를 끌어들인 결정적 요인이었다. 때로는 단순함과 평범함이야말로 진정한 재능이다. 거기에 도달하기까지 많은 노력이 필요할지라도 말이다.

4

수년이 지나 프랭크 게리 사무소에서 선임 디자이너로 일할
때였다. 나는 게리처럼 되려면 솜씨 그 이상이 필요하다는 걸
알게 되었다. 당시 그의 사무소는 단 하나의 주택만을 설계하
고 있었는데, 그 설계비로 사무소와 소속 디자이너 전체를 먹
여 살렸다. 건축설계 직종의 공공연한 비밀 중 하나는 많은
소규모 설계사무소가―심지어 대형 설계사무소도―매우 부
유한 의뢰인의 주택 설계에 사무소 운영의 사활을 걸며, 그
렇게 벌어들인 설계비로 공동체나 비영리기구 의뢰인, 소규
모 상인 고객과 덜 부유한 고객을 위한 설계비까지 충당한다
는 사실이다. 내가 아는 샌프란시스코의 어떤 설계사무소는
매우 별난 하이테크 디자인을 만들어냈는데, 실리콘밸리의
아주 전통적인 주택 한 채를 10년간 설계했기에 그런 작업이
가능했다.

여기에는 몇 가지 이유가 있다. 건축가가 상업 건물 한 채의
설계를 맡게되기까지 거쳐야 하는 과정은 매우 경쟁적일 때
가 많다. 상업 건물의 의뢰인은 건축가가 설계하는 건물이 얼
마나 창조적인가를 따지기보다 가장 경제적인 설계에 더 관
심을 둘 때가 많기 때문이다. 적은 예산의 의뢰인과 비영리기
구 의뢰인은 실제로 쓸 수 있는 자금이 더 적지만, 그런 프로
젝트가 건축가에게는 좀 더 실험적인 작업을 해보는 기회가
될 수도 있다. 정부와 대형 기관, 대기업 의뢰인은 종종 미리

매우 낮은 설계비 요율을 책정해놓곤 한다. 심지어 공적인 기념비 프로젝트를 의뢰하는 경우에도 그런 편이다.

건축가가 자택을 설계해주길 원하고 그에 맞는 이상적인 집을 실현할 만한 재력이 있는 사람이라면 가장 맘에 들거나 자신의 생활 방식을 가장 잘 반영한 디자인을 고를 것이다. 그들은 부가 기능이 많은 자동차나 명품 의류를 고가에 구매하듯이, 집의 디자인도 고가로 구매할 용의가 있는 사람들이다.

주택 건축은 다른 건축보다 더 복잡하므로 설계하는 데에도 더 많은 시간이 든다. (그만큼 비용도 더 커진다.) 사무소 건물은 층마다 거의 비슷하게 설계될 때가 많다. 하지만 주택은 안방과 자녀 방이, 주방과 거실이, 전망 좋은 쪽과 이웃집에 면한 쪽이 서로 다르게 설계된다. 게다가 누군가가 자신을 위해 침실을 설계해준다면 의뢰인은 옷장의 크기, 문과 창의 위치, 심지어 그것들을 여는 손잡이의 재료에까지 신경을 쓴다. 건축가는 그 모든 걸 설계해야 한다. 그만큼 비용도 올라간다.

결국 크고 복잡한 집을 설계할수록 의뢰인과 집주인은 종종 '그들의' 건축가와 이상하고도 내밀한 관계에 놓인다. 의뢰인의 삶을 속속들이 알게 되는 건축가는 의뢰인의 친구이자 서비스 제공자, 심복과 정신과 의사 사이의 어딘가에 위치하는 존재가 된다. 언젠가 한 건축가가 내게 말하기를 "사람들이 건축가에게 일을 맡기는 이유는 무엇보다 결혼 생활에 문제가 생겨서인 경우가 많다"고 했다. 어떻게 살 것인지, 자신의 침대와 변기를 어디에 놓을 것인지, 옷장을 얼마나 크게 만들어야 할지를 따져보는 과정은 부부에게 (건축가가 탄생시킨) 하나의 공유된 비전을 제공할 수도 있고, 부부간의 서로 다른 세계관을 자각하게 해 이혼의 불씨를 제공할 수도 있다. 내가 건축가가 되고자 거쳤던 그 변변찮은 실무 기간에도 나를 찾아온 세 의뢰인 중 한 부부는 실제로 주택을 설계하는 과정에

좋은 건축가는 왜 비쌀까

서 이혼하고 말았다.

이토록 복잡하고도 친밀한 관계를 맺는 동안에는 건축가가 설계 변경을 제안해도 의뢰인이 거부하기 어려울 때가 많고, 이 과정에서 비용이 상승한다. 건축가가 어떤 개략적인 이미지를 스케치해 의뢰인의 맘을 사로잡은 이후라면, 그건 종종 되돌릴 수 없는 결정이 된다.

또한 의뢰인은 늘 뒤늦게 자신의 더 큰 욕망을 깨닫는다. 그래서 더 넓은 거실과 더 많은 침실, 더 예쁜 침실과 주방, 더 좋은 전망, 더 많은 장치를 요구한다. 그 모든 걸 요구할수록 주택을 설계하는 기간은 몇 년으로 길어질 수도 있다.

지금 생각해보면 프랭크 게리의 사무소에서 주택을 설계할 때도 의뢰인과 첫 만남 이후 주택이 완공될 때까지 8년 정도가 소요된 거 같다. 그사이 이미 말리부의 네 필지를 차지하고 있던 대형 주택은 훨씬 더 크고 정교하게 몸집을 불려갔다. 표현의 측면에서 보자면 이 집은 지역 조례로 인한 제약조건 때문에 게리의 몇몇 다른 작품에 비할 바가 못 되지만, 그럼에도 대규모 모형과 수많은 도면 작업을 통해 공간의 극적 효과를 최대한 키우도록 설계되었다.

집의 규모가 커지고 복잡해질수록 예산도 늘어났다. 처음에는 (또는 내가 갔을 때 듣기로) 약 150만 달러로 시작했었다가, 게리 사무소의 대다수 직원과 함께 내가 그 집의 설계 작업에 투입되었을 때쯤에는 두 배 이상으로 예산이 늘었다. 몇몇 직원들은 오로지 이 집의 설계 작업에만 매달렸기 때문에 사실상 의뢰인의 정규직 직원처럼 되어버렸다. 비용은 계속해서 늘어났다. 그러던 어느 날 나는 또 다른 프로젝트를 보고하려고 게리의 방 앞에서 대기하고 있었다. 게리는 의뢰인과 회의 중이었는데 비용이 또다시 두 배로 올랐다는 얘기를 하고 있었다. 게리의 상황 설명이 끝나자 잠시 그 방에 정적이 흘렀다. 이내 의뢰인의 목소리가 들려왔다. "음, 하기야 선생님도 피카소 작품을 살 땐 피카소 값을 내시겠지요."

피카소 수준의 용역비를 부르거나 피카소 작품과의 비교를 감당해낼 수 있는 건축가는 많지 않다. 그리고 당시 게리는 오늘날과 같은 유명세도 거의 없던 때였다. 하지만 의뢰인은 환상에 빠져 있었고, 집이 완공될 때까지 계속해서 비용을 지불했다. 완공 후 몇 년이 지나자 의뢰인은 이 집을 팔았다. 하지만 적어도 얼마간은 피카소 값을 하는 집에서 살 기회를 얻은 셈이었다.

5 좋은 건축가는
어떻게 건물을 지을까

좋은 건축가란 어떤 사람일까? 나는 좋은 건축가가 되어보려고 했었다. 또 다른 설계사무소에서 잠시 일한 다음, 내 이름으로 직접 의뢰인을 구해보기 시작했다. 그때 사무실 인테리어와 레스토랑, 몇몇 주택 신축과 개조 설계를 했지만, 그중 실제로 지어진 프로젝트는 지금까지 하나도 없다. 설계경기에도 참여해봤지만 당선되지 못했다.

내가 나쁜 건축가여서일까? 물론 그렇지 않다. 나는 건물로 실현한 프로젝트가 하나도 없는 가장 성공한 건축가 집단의 한 사람이다. 나와 같은 동료가 많다. 하지만 건축가가 실제로 건물을 실현하려면 어떤 특수한 재능의 조합이 필요하다. 때로는 제임스 갬블 로저스나 오늘날 유명한 몇몇 건축가들처럼, 실제로 많은 도면을 그리지 않고 건물을 짓는 경우도 있다. 건물을 짓기 위해 필요한 건 예리한 눈, 무엇이 효과적이고 무엇이 좋은지에 대한 분명하고 빠른 이해력, 의뢰인을 디자인으로 설득하고 유혹하는 능력, 사무소를 운영하는 능력, 그리고 건물이 개관하는 날까지 프로젝트 전반을 총괄하며 공사 인력 및 해당 관청의 건축부서와 협업할 수 있는 지구력이다. 이러한 작업 대부분을 다른 사람에게 위임할 수는 있지만 건축가는 그런 작업을 지휘하는 법을 알아야 한다.

나는 내가 좋은 눈을 갖고 있고, 형태를 조합해 공간을 빚어내는 재능이 있으며, 그 모든 걸 설득하는 능력도 있다고 생각한다. 하지만 건축가가 갖춰야 할 능력은 이게 전부가 아니다.

건축가는 왜 자신의 설계 작업이 그래야만 하는지 자기 자신과 의뢰인을 납득시킬 수 있어야 한다.

건축가는 자신의 설계가 운명처럼 보이게 만드는 신념과 열정을 도면과 프레젠테이션 안에 담아내야 한다. 나에겐 그런 능력이 없다. 하지만 그런 능력을 보여주는 건축가들은 많이 봐왔다. 그래서 그들의 기법과 수완, 때로는 아주 인상적인 실패 사례에 대해 약간의 연구를 한 바 있다.

6

방 안으로 들어간다. 모두와 악수한다. 만약 심사위원단 중
한 사람이라도 아는 사람이 있으면 안부를 묻는다. 가족은 잘
지내는지, 별일은 없는지. 앞으로 나가 자신을 소개하고 부하
직원이 프레젠테이션을 준비하는 동안 사소한 이야기를 꺼
낸다. 이 설계 건을 맡는 게 얼마나 설레는 일인지, 그게 얼마
나 놀라운 도전의 기회인지, 이런 상황에 자신이 얼마나 적격
인지...... 그만큼 최선을 다할 것을 피력한다. 이 작업을 끝
낼 때까지는 다른 어떤 의뢰가 들어와도 쳐다보지 않을 것이
며, 늘 그래왔듯이 제시간에 정해진 예산으로 일을 끝마칠 거
라고 말이다.

    내가 지금껏 참석해본 모든 심사장 현장발표회는 늘 이렇게
시작하곤 했다. 설계 팀으로 참가했을 때도 그랬고, 그보다
훨씬 더 자주 심사위원으로 참석했을 때도 그랬다. 심지어 이
럴 때마다 등장하는 농담조차 모두 예전에 들어본 것만 같았
다. 설계 실력이 그다지 좋지 않은데도 카리스마와 매력이 있
는 건축가가 비전문가 심사위원을 유혹하는 광경을 볼 때면
화가 난다. 성차별이 만연한 우리 사회에서는 여전히 대부분
의 건축가가 남성이고 심사위원단의 비전문가 위원, 특히 문
화기관 소속 위원은 부유한 후원자의 아내인 경우가 흔하다.
(안타깝지만 그게 현실이다.) 그렇다고 그런 유혹이 꼭 남녀
간에만 일어나는 것도 아니다. 때로는 성공한 남성 건축가가

좋아하는 스포츠나 다른 '남성적' 취미를 접점으로 삼아 다른 남성을 유혹하기도 한다.

이런 식으로 건축가를 선정하는 모든 시스템은 그 외에도 많은 문제가 있지만, 그럼에도 나는 이런 시스템이 여전히 최선의 방식이라고 생각한다. 표준적인 심사과정은 공개로 진행하거나 전문적인 자문가가 설계자 후보 명단을 제시하는 식으로 진행한다. (나도 종종 그런 자문을 해왔다.) 그다음엔 심사위원단이 건축가들의 포트폴리오를 두고 토론하면서 다섯에서 열 팀 사이로 최종 후보를 추리고, 최종 후보자들은 각자의 평소 철학과 새로운 건물에 대한 관점을 최대한 반영한 작품을 만들어낸다. 그리고 그들은 심사위원단이 요청하든 하지 않든 현장발표회에서 어김없이 스케치 디자인을 발표할 것이다. 이러한 심사과정은 가장 적합한 건축가를 파악하기 위한 최다의 선택지와 최선의 기회를 제공한다.

하지만 적합한 건축가를 찾기까지 적잖은 비용과 시간이 들기 때문에 대개는 중요한 문화시설이나 도서관, 대학교, 체육시설, 관공서를 설계할 때만 적용하는 방식이다. 이런 과정은 기본적으로 건축가가 설계하는 신축 건물만이 (더 많은 공간적 수요 또는 새롭거나 더 나은 정체성에 대한 열망과 같은) 당면 과제를 해결할 수 있다는 생각을 강화한다. 실제로 그런 판단이 이미 이뤄진 다음에 심사가 시작되는 것이다.

심사위원에게는 여러 가지 이점이 있다. 세계 최고의 건축가들의 작품 발표를 듣고, 그들의 작품을 비교해볼 수 있으며, 발주자와 대지에 딱 맞는 건물을 설계할 후보자 군을 직접 압축하는 호사를 누린다. 발표장에서 건축가들이 연기하는 모습을 지켜보는 것도 흥미롭지만, 웃기는 건 그들이 모두 손해를 보게 된다는 사실이다. 이와 같은 심사과정의 최종 결선에 올라 설계안을 제출하려면 비용이 최대 50만 달러, 최소한

10만 달러는 나간다. 의뢰인이 설계비를 지급할 만한 예산을 충분히 보유하고 있다 하더라도 건축가들이 들이는 비용이 상금의 몇 배는 될 것이다.

프랭크 게리의 사무소에서 일할 때 어떤 설계경기에 참여하게 해달라고 게리를 설득한 적이 있다. 하지만 게리는 그래봤자 우리가 손해만 보는 경기라고 생각했다. 경기에 참여하려면 사무소가 돈을 마련해야 했는데 나는 비용을 최소한으로 아끼겠다고 게리를 안심시켰다. 처음에는 나와 인턴 한 명만 그 설계경기에 매달렸고 게리와 나머지 선임 디자이너들에게는 필요할 때만 자문을 구했다. 마감을 3주 남긴 시점이 되어서야 우리는 여섯 명으로 구성된 핵심 설계 집단을 꾸렸고, 마지막 며칠 동안에는 모든 직원의 도움을 받아 우승에 도움이 될 발표용 도면과 모형을 만들었다.

바로 그 마지막 며칠간, 이전까지 순조롭던 일상은 온데간데 없이 사무소 전체가 그 설계경기에 매달렸다. 최상의 디자인을 만들어 가장 아름답게 발표하기 위해 모두가 정신없이 매달렸다. 페덱스로 설계안을 발송하던 날 오후는 그야말로 아수라장이었다. 급기야 게리는 이미 배송용 상자 안에 넣어둔 모형을 꺼내 뚜껑을 닫기 직전에 변경했고, 그동안 안내직원은 문간에서 기다리는 페덱스 배송 기사에게 말을 걸며 최대한 시간을 벌었다. 결국 우리는 뚜껑을 닫아 모형 상자를 발송했고, 나는 프랭크의 아내이자 사무장인 버타 게리에게 예산을 초과하지 않겠다는 약속을 지켰다고 말했다. 그러자 그녀는 눈을 동그랗게 뜨며 말했다. "곧 알게 되겠죠." 나는 가볍게 한잔하러 갔고 며칠 만에 처음으로 잠을 청했다.

다시 책상으로 돌아와 정돈을 하고 다음 프로젝트를 준비하고 있는데, 버타가 내 옆을 지나며 이번 설계경기에 대한 영수증과 근무시간 기록표를 두고 갔다. 그녀는 아무 말도 하지 않았지만 우리는 이미 이 프로젝트에 15만 달러 이상을 쓴 상황이었고 심지어 우승하지도 못 했다.

그로부터 거의 10년이 지나, 새로운 건물을 설계할 건축가를 찾던 신시내티 현대미술센터에 자문을 하고 있을 때였다. 당시 센터장이었던 찰스 데스마레이즈는 20세기 말 미술계가 전통적인 백색 벽체 갤러리를 퇴진시키는 방향으로 변화하고 있다고 믿었다. 그는 미술과 건축과 도시의 관계를 재정의할 건축가와 디자인을 원했다. 결국 최종 후보로 급진적이고 아직 검증이 안 되어 당시에는 실제 건축가로 여겨지지도 않았던 건축가들, 예컨대 자하 하디드, 렘 콜하스, 베르나르 추미, 딜러와 스코피디오, 다니엘 리베스킨트와 같은 비범한 인물들이 추려졌다.

건축가들은 각각 자기 차례에 입장해 발표를 했다. 그중에는 최상위 부유층 후원자를 대하는 데 서투른 건축가들도 있었지만 대부분은 빼어난 발표를 했다. 그러다 렘 콜하스 차례가 와서 기다리는 동안 나는 잠시 화장실에 다녀왔고, 심사장 밖에서 앞뒤로 서성이는 콜하스를 지나쳤다. 우린 서로 아는 사이였지만 그는 내가 있는지 알아채지 못한 듯했다. 내가 심사장으로 복귀한 다음 콜하스는 심사위원단의 호출을 받고 저돌적으로 입장했다. 그는 아무한테도 인사를 건네지 않았다. 그러고는 곧바로 자신의 설계안을 설명하기 시작했는데 예전에 작업한—이 설계경기 건에 어울리는—훌륭한—프로젝트의 다양한 면면을 발표하면서 계속 청중을 등지고 얘기하는 것이었다.

그의 설계안이 어땠는지는 기억나지 않는다. 다만 심사위원들이 서로를 바라보며, 또한 나를 바라보며 지었던 표정만 기억날 뿐이다. 당시 심사위원들은 이 남자와 협업하고 싶다는 생각을 아예 하지도 않았을 것이다. 그리고 내 머릿속에는 그

설계경기에서 이기는 법

와 그의 사무소가 틀림없이 매력적인 설계안을 생각해내며
쏟아부었을 돈과 시간만 떠올랐다. 그 설계안은 사실상 심사
위원단의 그 누구에게도 진지하게 취급받지 못했다.

7

좋은 작품이
세상에 드러나기까지

사람들은 종종 건축계의 '스타 시스템'에 대해 불평한다. 실력 없는 디자이너를 슈퍼스타로 만들면서 그보다 훨씬 더 나은 디자이너의 중요한 작품을 무시해버리는 알 수 없는 음모가 존재한다고 믿곤 한다. 이런 믿음에 동참하는 건축가들도 있다. 영국 건축가 데이비드 치퍼필드는 기사 작위를 받고 지구상에서 이뤄지는 박물관 설계 건의 절반을 집어삼키고서야 그런 불평을 멈췄다. 그전까지 그는 비평가와 의뢰인의 음모로 자신처럼 실력과 사유가 탄탄한 건축가가 배제되면서 그보다 못한 건축가들이 조야한 디자인으로 모든 일을 훔쳐 갔다고 불평했다.

치퍼필드는 일부 좋은 건물을 만들었지만 평범한 건물도 꽤나 만들었다. 내가 심사위원으로 참여한 2004년 멕시코시티의 한 설계경기에서 본 치퍼필드의 참가작은 그런 생각을 하게 만들었다. 그가 생각하는 음모 같은 건 없지만, 좋은 작품이 우승할 때면 그런 음모론에 기댄 변명이 쉽사리 등장한다는 사실을 확인시켜줬다고나 할까.

설계경기에서 최고의 프로젝트를 결정하기는 매우 어려울 때도 있고 어렵지 않을 때도 있다. 멕시코시티의 바스콘셀로스 도서관 설계경기는 바로 후자의 경우였다. 이 프로젝트는 당시 멕시코 대통령이 자신의 치적을 쌓고자 기획한 것으로, 그는 노천시장이 서는 어느 낙후된 동네에 (대부분의 사람들

이 이용하기 어려운 대학도서관이나 전문도서관이 아니라)
주민들이 편하게 이용할 수 있는 공공도서관을 짓고 싶어 했
다. 이 건물은 대통령 임기가 끝나기 전에 개관돼야 했기 때
문에 안타깝게도 졸속 시공과 비용 삭감이라는 문제를 안고
완공되었다.

    이 프로젝트를 위해 완전한 설계안을 제출한 최종 후보작들
    을 모두 검토한 다음, 심사위원단은 한 후보자가 다른 경쟁자
    들과 비교할 수 없을 만큼 독창적이고 명료한 디자인을 만들
    어냈다는 데 거의 만장일치로 동의했다. 또한 멕시코에 흔치
    않은 국제 설계경기였는데도 당선작 설계자인 알베르토 칼
    라치가 이미 아름다운 건물들을 지어본 적이 있는 지역 건축
    가라는 사실에 즐거워했다. 칼라치는 의심할 여지 없이 이 도
    서관 설계의 적임자였다.
칼라치의 설계안은 서가를 천장에 매달아 주요 층을 하나의
웅대한 독서 공간으로 개방한다는 내용이었다. 서가 사이사
이를 거닐면 머리 위로 매달린 책들이 보이며, 서가가 발코니
와 어우러지는 만큼 책으로 둘러싸인 아늑한 공간에 몸을 숨
길 수도 있다. 이 건물은 일부가 밀림 안에 파묻히기 때문에
멕시코의 자연경관을 보존하며 생동하는 도서관의 역할도
할 수 있다.

    이 설계안과 비교해볼 선례로, 1785년 에티엔-루이 불레의
    유토피아적 구상*이 있다. 칼라치는
    하나의 커다란 궁륭이 덮인 공간의 양   지어지지 않은 계획안인
    쪽에 책을 층층이 배열한 불레의 구상   <왕립도서관(Bibliothèque du
                                                 Roi)> 프로젝트를 말한다.
    을, 위아래가 뒤집힌 책의 숲으로 단
    편화시켜 사람들이 그 밑으로 지나다닐 수 있게 만듦으로써
    훨씬 더 강력한 이미지를 만들어냈다.
심사위원단은 모두—적어도 거의—이 설계안이 당선되어야

한다는 데 동의했다. 오로지 치퍼필드의 우아하되 다소 따분한, 게다가 기념비적이고 닫혀 있으며 칼라치가 약속한 민주적 성격이 전혀 없는 계획안을 선호한 단 한 명의 심사위원만이 이의를 제기했다.

우리는 놀랐지만 그의 의견을 끝까지 경청했고 그가 유일한 반대자였는데도 몇 시간에 걸쳐 토론을 이어갔다. 결국 비행기 시차에 따른 여로를 이기지 못한 그가 토론 중에 잠들었고, 그가 다시 깨어난 후 우리는 칼라치의 계획에 찬성하는 투표를 신속하게 진행했다. 그러자 그 심사위원은 몹시 화가 났는지, 급기야 이 프로젝트의 관리자였던 문화부 장관에게 분통을 터뜨리며 공개적으로 반대의 목소리를 냈다. 하지만 그런다고 그가 도서관의 건립을 막을 수는 없었다. 비록 아직도 완성하지 못한 부분이 있고 서가도 완전히 채우지 못했지만, 칼라치의 도서관은 내가 아는 가장 아름다운 도서관 중 하나다.

8

설계 건 하나를 따냈다고 해서 그 건물의 개관을 보장할 수는 없다. 프로젝트가 복잡하고 규모가 클수록 또는 그 디자인이 대담할수록, 실제로 건물이 지어질 가능성은 더 적어진다. 건축가들은 수백 년간 최고의 장소를 만들려는 꿈을 꿔왔다. 그들은 한 채의 건물만을 꿈꾼 게 아니라 모든 게 완벽히 계획된 도시를 꿈꿨다. 르네상스 화가들은 완벽한 격자 배열의 구조를 상상했고, 작가들은 유토피아를 논했으며, (불레를 비롯한) 건축가들은 일상생활의 혼잡한 현실에서 벗어나 한숨 돌릴 만한 영역들로 이뤄진 완벽한 세계를 상상했다. 그런 장소가 실제로 지어지는 경우는 거의 없고, 브라질 사람들이 내륙의 숲을 깎아 만든 새 수도인 브라질리아나 그동안 성장해온 소규모 공동체처럼 완벽한 세계에 가까워 보이는 장소도 결코 이상을 충족하지는 못한다. 최고의 디자인이란 본질적으로 지어지지 않은 게 아닐까 싶기도 하다.

좋은 건축 설계안일수록 실제 건물을 지어야 할 때는 그 비전을 충족하기가 더 어렵다.

몇 년 전 나는 모스크바 외곽에 건설 중인 어느 신도시의 개발을 감독하는 위원회의 일원이었다. 스콜코보란 이름의 그 신도시는 전 러시아 대통령 드미트리 메드베데프의 구상이었는데, 그는 실리콘밸리를 방문하고서 러시아에도 그런 도시가 필요하다고 판단한 걸로 보인다.

감독위원회에는 러시아의 전문가와 건축가를 포함해 전 세계의 자문가가 참여했다. 우리가 제일 먼저 한 일은 마스터플랜을 선택하는 일이었다. 가장 이상주의적이고 야심 찬 안은 건축사무소 오엠에이(OMA: Office for Metropolitan Architecture)가 렘 콜하스 없이 만든 계획안이었지만, 러시아 사람들은 그 안이 공산주의 체제에서 유토피아를 건설하고자 했던 과거의 향수를 지나치게 자극한다고 생각했다. 그래서 우리는 그보다 훨씬 평범한 다른 안을 선택했다. 오엠에이의 안이 이상주의적이었던 이유는 우리가 세계 최고의 건축가들을 불러 설계경기를 진행해서이기도 했지만, 무엇보다 공원과 운동장, 문화적이고 협력적인 장소, 자연과 면한 주거 단지가 가득하며 자동차가 다니지 않는 탄소 중립적인 곳을 계획했기 때문이었다.

그게 전혀 쓸모없는 계획은 아니었지만 결국에는 그보다 훨씬 재미없는 건설이 진행되고 있다. 자동차가 다니도록 계획이 변경되었고, 공원은 더 작아졌으며, 건물은 대부분 관례대로 지어진 데다, 대형 문화시설들은 흔적만 남았다. 메드베데프의 두뇌 집단과 아파트가 있는 작은 타워만이 남아 그저 그런 또 하나의 연구개발단지로 전락한 이곳의 이상을 떠올리게 한다.

건축가의 꿈을 좌절시킨 요인은 비현실적 기대와 정치적 현실의 결합이었다. 메드베데프의 전임이자 후임인 푸틴이 집권한 이후부터 국가적 관심은 다른 곳으로 이동했다. 이 프로젝트가 진행되어갈수록 회계 담당자와 잠재적 사용자가 주도권을 잡기 시작했다. 그들은 성가신 감독위원회를 없애버리고 스콜코보를 평범하게 개발하고 말았다.

당시 이 신도시 계획의 야심과 유토피아적 이상을 상징적으로 드러낸 설계안으로는 규모가 크고 기능이 불확실한 두 가

꿈이 도중에 좌절되는 이유

지 안이 있었다. 스콜코보 전체를 계획할 권리를 얻는 데는 실패했지만 위로상을 받으며 다양한 용도의 중심 건물 하나를 설계해달라는 의뢰를 받은 오엠에이는 한 지점에 40층짜리 정육면체를 세우자고 제안했다. 그건 구조와 이미지 면에서 모두 건축이 무엇을 할 수 있는지를 보여줄 만한 대담한 상징이었다. 중력에 저항하고, 하나의 기하학적 단편으로서 완벽하며, 규모가 거대한 데다, 다양한 기능들을 함께 섞는 상징 말이다.

일본 건축가 세지마 가즈요는 그보다 더 부드러우면서도 훨씬 더 큰 건물을 제안했다. 울창한 자연경관 위에 거의 50층 높이의 돔 하나를 덮어 러시아의 혹독한 한겨울에도 살기 좋은 장소를 만든 것이다. 그 건물은 워낙 커서 유리와 강철로 된 상부구조 속에 구름을 조성해 자체적인 기후를 만들어낼 정도였다.

이 두 설계안은 모두 건축의 가장 극단적인 야심을 보여준다. 우리의 일상적 경험과 분리된 새로운 세계를 조성하는 이상적 형태였고, 모든 형식이 와해되어 새로운 자연으로 녹아드는 에덴동산 같은 장소였다. 두 사례는 가능한 한 크고 완벽하게 지으려고 하는 건축의 오랜 계보를 따르며 그 비용을 합한다면 10억 달러가 넘을 것이다. 스콜코보 시청은 이런 계획을 좀 더 현실적으로 바꿔 달라고 요청했지만 두 건축가는 변경에 관심을 보이지 않았다. 대부분의 웅대한 계획이 그렇듯이, 이 두 사례도 지어질 뻔했으나 지어지지 못한 구상으로 여전히 남아 있다.

완벽한 건축이 죽음을 대하는 법

건축이 이상적인 구조물을 지을 뿐만 아니라 우리를 다시 에덴동산으로 데려가리라는 생각은 이 분야의 뿌리 깊은 신념이다. 이런 생각은 모든 형태와 모든 프로젝트, 모든 설계안에 따라다닌다. 또한 건축학도가 만드는 대부분의 수수한 설계안마저도 그 이면에는 같은 생각이 깃들어 있다. 형태와 공간과 이미지를 완벽하게 만들어야 한다는 생각에서 벗어나지 못할 뿐만 아니라, 그와 동일한 노력을 발휘해서 인공적인 형태와 공간과 이미지 이전의 무언가로 되돌아가야 한다고 믿는다.

이러한 유토피아의 유령은 대체 어디서 왔을까? 왜 그 유령이 오늘날까지 우리를 따라다니는 걸까?

그 모든 것에는 시작점이, 적어도 건축가들이 시작이라고 여기는 시점이 존재한다. 현존하는 많은 신화들이 건축의 기원과 기본 요소들을 다루는데, 그중 가장 유명하고 오랫동안 이어져 온 신화는 프랑스의 아베 로지에가 1753년에 쓴 『건축에 관한 에세이(Essai sur l'Architecture)』에서 가장 분명하게 표현된 바 있다. 로지에는 건축의 기원이 기초적인 신전 유형을 만드는 방식에 있었다고 보았다. 비바람과 더운 햇빛을 막아줄 피난처를 원한 (남자로 대표된) 인간은 나뭇가지 네 개를 땅에 박아 수직 기둥을 세우고, 기둥 위를 수평 들보로 연결해 이은 다음 그 위에 짚으로 지붕을 얹었다는 것이다.

이 논리는 꽤나 명쾌해 보이지만 로지에는 그 나뭇가지에서 최초의 기둥을, 들보에서는 엔타블러처(entablature)*를, 지붕에서는 삼각형의 신전 정면을 읽어냄으로써 자신의 이론을 정교하게 펼쳤다. 그가 추론해낸 건물의 양상은 단순히 집을 넘어 사실상 신전이나 다름없다. 인간이 아니라 신이 거주하는 장소가 된 것이다.

고대 그리스·로마 건축에서 정면 박공벽(페디먼트)과 기둥 사이를 잇는 수평 구조. 위에서부터 코니스와 프리즈, 아키트레이브의 세 부분으로 이뤄진다.

이러한 논리적 비약의 이면에 숨겨진 사실은, 르네상스 때부터 19세기까지 대부분의 건축비평가와 건축역사가가 생각한 진짜 건축의 기원은 그러한 '원시 헛간(primitive hut)'이 아니라 그리스 시대의 고전 건축이라는 점이다. 로지에와 같은 사람들은 목구조를 더 튼튼하고 내구적인 석구조로 번안한 게 바로 그런 고전 건축이라고 말한다. 고전 시대를 대표하는 세 가지 오더(order)*는 건축이 취할 수 있는 다양한 특성을 반영했다. 도리아 오더는 상대적으로 남성적이고 원초적이어서 가장 기본이

고대 그리스·로마 건축에서 기둥과 엔타블러처의 조립 형식을 말하는 것으로, 기둥을 중심으로 연결부분의 형태와 상호비례가 결정된다. 현대건축 이전까지 서양건축의 규범으로 군림했다.

되는 오더다. 이오니아 오더는 그보다 여성적이고 우아하다. 마지막으로 코린트 오더는 장식적이고 복잡하기 때문에 아무래도 좀 퇴폐적인 느낌이 난다.

그 이후 건축에 일어난 모든 일은 그저 이 세 가지 기둥 오더를 발전시키고 번안하고 정교히 만든 결과다. 처음에는 기둥을 받치는 주춧돌과 기둥 위의 엔타블러처와 박공벽의 체계로 발전했다가 아키트레이브와 메토프, 트리글리프와 같은 신전의 부속 요소들로 세분되었으며, 그다음엔 꼭 신전이 아니더라도 중요성을 띠는 건물의 구성 요소로도 발전했다. 대

저택과 회관뿐만 아니라 나중에는 박물관과 극장, 은행, 그리고 부와 권력을 자랑하는 다른 모든 기념물에도 기본적으로 이러한 신전의 형식을 취했다.

이 때문에 건축은 죽음과 죽은 사물에 관한 것, 좀 더 가볍게 표현하자면 영원한 가치를 중심에 두게 되었다. 건축은 영원히 살아 있는 것들을 수용했으며, 그런 건축도 영원히 지속되어야 했다. 나중에는 건축이 그 건축주의 가치관(은행이라면 금전적 가치)을 수용하는 저장고가 되었다. 완벽한 고전 건축의 한 사례인 아테네 델포이의 보물창고는 말 그대로 금전적 가치의 저장고였고, 건축가가 돌로 지은 육중한 건물은 비유적인 의미에서 가치관의 저장고이다.

한편 신전보다 앞선 최초의 진정한 건축 작품으로서 훨씬 더 좋은 사례라고 할 만한 구조물이 있다. 바로 충분히 부를 축적한 많은 문화권에서 지도자를 기리려고 세우기 시작한 기념건축물이다. 그중 가장 크고 유명한 사례는 이집트의 피라미드이지만, 통치자의 매장지이자 중앙에 단 하나의 방이 있는 거대 유적은 아시아부터 남미까지 광범위하게 분포하고 있다. 이런 구조물은 형식상으로나 외관상으로나 죽음을 형상화한 것이다.

물론 그게 또 다른 삶을 다룬 것이라고 주장할 수도 있겠다. 신의 삶이든 내세의 삶이든 말이다. 하지만 그런 주장은 유한한 시간 속에서 희로애락을 겪는 인생의 신체적 현실만을 강조할 뿐 기념건축물의 핵심에서 벗어난다. 아돌프 로스는 '유일하게 진정한 건축은 숲의 한가운데서 우연히 만나는 묘비'라고 했다.

나는 건축이 죽음에 깊이 뿌리내리고 있고 그토록 인간적이지 않은 무언가를 기대한다는 사실에 늘 이상한 감정을 느낀다. 이러한 기원의 신화로부터 일련의 생각이 떠오른다. 건축이 완벽한 부분들로 이뤄져야 한다는 생각, 우리의 일상생활보다 더 크고 추상적이어야 한다는 생각, 우리가 이생에서 결코 이룰 수 없는 무언가를 상징해야 한다는 생각이다. 이런 건축은 그 본성 자체가 외래적이다.

오늘날에도 우리는 좋은 건축이라고 하면 뭔가 크고 영속적이며 추상적인 건축을 연상한다. 이 뿌리 깊은 생각은 17세기 중반부터 20세기 초까지 거의 300년간 건축이라는 학문을 정립한 파리의 에콜 데 보자르(École des Beaux-Arts)에서 공식화되었다. 이 학교는 고대 신전의 형태를 규정하는 기본적이고 불변하는 규칙이 있으며 그에 따라 디자인을 해야 한다고 가르쳤다. 그러한 규칙은 수학과 더불어 석조 공법의 구조적 현실에 기반을 두었고, 어떤 건물이든 고대 신전의 설계에서 착안한 격자와 위계적 배치를 정교히 발전시켜 만들었다. 아키텍처로서의 건축은 오로지 중요한 국가 시설에만 관심을 두었다. 다른 모든 유형의 건물, 예컨대 단순한 중산층 주택과 창고, 기차역이나 백화점 같은 새로운 건물 유형은 건설업자의 영역으로 취급했다.

그 이후로 건축의 영역이 확장되긴 했지만, 건축의 뿌리와 그에 대한 편견은 여전히 교조적인 결과를 낳고 있다. 우리는 박물관이든 오페라하우스든 기념비적인 구조에 초점을 맞춘다. 그리고 그 기념비적인 기둥이 우리가 마천루라고 부르는 비인간적 규모의 구조물로 변신하는 걸 사랑하기까지 한다. 그에 못지않게 우리는 (즉, 건축광과 디자이너들은) 건물의 추상성과 규칙성 그리고 영구성도 중시한다. 불완전하거나 인간이 사용한 기미가 조금이라도 느껴지면, 건물에 풍화의 흔적이 조금이라도 생기면 결함으로 취급하면서 말이다.

10

건축이 (일상생활에서)
중요하지 않은 이유

기념비적인 건축에는 (건축가든 아니든) 누구나 이해할 수 있는 아름다움이 있다. 잘 구성된 대형 건물은 크기와 명료함으로 우리에게 깊은 인상을 남긴다. 균형 잡힌 입면과 정교한 평면도 역시 아름다운데, 구조형식을 통해 우리의 이목을 끌 뿐만 아니라 추상적인 도면 작업에서 비롯된 리듬과 수평수직 체계에서 힘을 얻는 인공물로서 자신을 드러내기 때문이다. 그다음에는 현실이 끼어든다. 풍화와 마모가 일어나면서 기념물의 완전성이 떨어지고, 끔찍하게도 실제 사용자들이 나타난다. 사진을 찍을 땐 문풍지를 감춰야 하고 어디에서도 사람이 보이지 않게 해야 한다.

기념비적 건축은 대개 우리의 일상생활에서 벗어나 있다. 우리의 집이나 매일 다니는 일터 또는 놀이터가 아닌 크고 중요한 건물에 적용되기 때문에, 우리는 그걸 특별하다고 여긴다. 특별하다는 건 사실 편안하지 않다는 뜻이기도 하다. 건축가들은 부자들의 복잡한 대저택을 설계하기도 하고, 종종 제약적인 조건으로 몇 제곱미터를 임대할 수 있는 평범한 건물을 설계하기도 한다. 어떤 경우든 간에 사용자들이 입주해 직접 장식하고 지내면서 더 감각적이고 합리적이며 삶에 더 적합한 공간이 완성된다.

이런 상황은 일터에서 더 심하게 나타난다. 우리는 전형적인 사무실 환경 안에 갇혀버리거나, 사무실 면적을 최대한 확보

47

건축이 (일상생활에서) 중요하지 않은 이유

하려고 각축을 벌인다. 이때 건축은 기둥 열 사이로 사라지거나 회사나 기관의 인상을 의도한 기념비적인 출입 홀과 같은 배경적인 역할로 물러난다.

대부분의 레스토랑과 바는 (건축가가 있다 하더라도) 실내 디자이너들이 작업하는데, 그들은 실내를 편안하게 만드는 법을 안다. 이때도 건축은 희미한 빛 속으로 또는 스크린 뒤로 물러난다. 오로지 콘서트홀이나 경기장과 같이 대중이 여가를 즐기는 대규모 시설에서만 건축이 드러난다. 쭉 뻗은 대들보와 트러스가 대형 공간을 만드는 질서를 보여주거나, 줄지어 늘어선 기둥 배열이 공간적 시야를 조직하거나, 널찍한 로비가 우리를 작아 보이게 만드는 식이다. 어디에서든 우리는 우리와 다르고 더 큰 무엇의 수동적인 소비자가 된다.

건축의 기본 요소와 그 기원의 역사는 설계자에게 생경하고 커다란 무엇을 만들게 하고, 그러한 기념물은 우리를 고양해 불변의 사실과 추상적인 관념 속으로 파묻는다. 인간의 이상을 구현한 것이야말로 비인간적인 것이다.

기념성에 대한 이같은 집착이 낳은 결과로 건축은 대개 우리의 일상생활을 벗어난 곳에 존재한다.

건축에는 또 다른 역사가 있다. 그러한 역사는 19세기의 비평가 외젠-에마뉘엘 비올레르뒤크와 고트프리트 젬퍼가 주목한 바 있지만, 어쨌든 건축가들이 스스로 얘기하는 주류 서사가 된 적은 한 번도 없었다. 이 역사는 모닥불을 피워놓고 둘러앉은 사람들과 함께 시작한다. 그들은 동굴을 장식하고 비바람을 피할 피난처를 얼기설기 만들어냈다. 이미 존재하던 무엇을 인간에게 편안한 장소로 바꾸고자 했고, 그걸 장식함으로써 우리 자신에게 세계를 재현하려 했다. 이런 시도의 기원에는 사회성과 중심성이 있다. 자기 이상의 것을 담아내며 재현하는 무엇을 만들려고 자기가 입던 옷을 확장한 역사였기 때문이다.

이런 건축은 한 장소에서 함께 지내야 할 필요 때문에 생겨났으며, 인간이 자연과 맺는 관계 속에서 타인과의 관계를 인식하는 틀이 된다. 동굴 내부와 모닥불 주변, 대초원의 천막 등 어디서나 하나의 장소를 만들어냄으로써, 우리가 타인과 함께 존재하는 공간을 표시해준다. 그곳에서 우리는 암석이나 수목 또는 멀리 보이는 풍경을 통해 방향 감각을 유지한다. 건축이 있는 곳이 바로 우리의 집이다.

여기서 건축은 자연을 파괴한 결과가 아니다. 뭔가를 잘라내 다른 것으로 빚어낸 결과가 아니라 자연이 제공하는 요소들을 함께 모은 결과다. 한때는 나뭇가지를 모았고 나중에는 진

흙을 모아 벽돌을 만들었다. 건축은 장소를 만들기 위해 시작되었고 그다음엔 그 장소와 그 안의 구성요소들이 정교하게 형태화되었다. 건축은 서로 다른 단편들을 함께 엮어 피난처를 만들거나 흐르는 물질을 단단하고 경계가 있는 무엇으로 주조하며 쌓아 올리는 작업이다.

인간이 이런 피난처를 만들어가는 과정에서 패턴이 출현한다. 패턴은 신전의 장식처럼 덧씌워지거나 부착되는 게 아니라, 재료 자체의 질서에서 생겨나 더 복잡한 기하학과 색채의 적층으로 발전한다. 구조적 위계 대신 적절히 에워싸는 구조를 만들려는 욕망이 형태를 늘어뜨리고 구부리고 꺾고 확장하고 압축한다. 재료와 용도에서 리듬이 생겨난다.

문제는 그러한 구조물과 그것의 아름다움이 그리 오래 지속되지 않는다는 점이다. 나뭇가지와 잎사귀로 막사나 피난처를 만드는 경우에는, 집을 그냥 두고 다른 곳으로 이동하거나 아니면 계속 뭔가를 덧붙이며 바꿔가게 될 것이다. 짐승 가죽과 막대기로 만드는 천막은 야영할 때마다 설치와 철거를 반복하게 된다. 장식이 빛바래기도 하고 그 위에 새로 페인트를 칠하기도 한다. 그 작업은 진정 유기적이며 자연으로 되돌아가는 과정이다. 이런 구조물은 딱 필요한 만큼만 또는 그 작업에 헌신하는 만큼만 지속된다.

몇 년 전에 디자이너 위르겐 베이는 독일에서 이색적인 벤치를 선보였다. 그는 가을철마다 여러 무리의 정원사들이 낙엽을 모두 긁어모아 퇴비로 만들거나 소각한다는 걸 알아채고는 공원을 순회하는 낙엽 수거 트레일러와 카트에 덧붙일 부속 장치를 디자인했다. 작은 모터가 낙엽을 장치 속으로 밀어넣으면 낙엽들이 벤치 형태로 압착되어 오솔길을 따라서 트랙터 후면으로 미끄러져 나오도록 설계한 것이다. 이 벤치는 비바람에 흩어져 땅으로 돌아가기 전까지 앉아서 쉬는 용도로 쓸 수 있다.

오늘날에는 그처럼 시적이진 않지만 유사한 유형의 구조물이 어디에나 있다. 그런 구조물을 가리켜 '팝업(pop-up)'이라고 부르는데, 때때로 범포와 비계로만 만들어지기도 하는 팝업 구조물은 축제 기간이나 많은 사람들이 모일 때면 어디서든 매점이나 음식점으로 활용되곤 한다. 팝업은 실용적일 뿐만 아니라 생동감이 넘치고 종종 기발한 디자인을 보여주는 경우도 있다. 하지만 그런 구조물을 디자인하는 건축가는 소수에 불과하다.

그보다 더 심각한 문제를 다루는 가설구조물로는 난민 수용소가 있다. 전쟁이나 기아, 자연재해 등으로 고향에서 쫓겨난 유랑 난민은 큰 문제로 부상했다. 하지만 이 문제를 진지하게 다루는 디자이너는 거의 없는데, 난민 수용소는 제 기능을 발휘하더라도 언젠가는 사라질 것이기 때문이다. 난민 수용소는 기념물이 아니다. 넉넉한 설계비를 주지도 못하고 설계자나 건축주의 업적에 길이 남을 기념물이 되지도 못할 것이다. 바로 이 지점에 건축이 초점을 맞출 필요가 있다. 건축은 우리 사회에 진실로 기여할 수 있는 또 다른 전통의 활용법을 찾아야 한다.

12

중국보다 건축의 미래가 중요하게 느껴지는 곳은 없다. 요즘 중국은 건설 붐으로 인해 엄청난 물량의 주택과 사무소가 새로 지어지고, 급조된 신도시들을 연결하는 기반시설과 당국이 중요한 장소가 될 거라 믿는 공공 기념물이 신축되고 있다.

그동안은 대부분 작은 상자 모양의 건물을 최단 시간에 최대한 만들어내는 데 초점을 맞춰왔다. 그뿐만 아니라 눈길을 사로잡으며 도시의 부와 세련미를 나타내는 건물을 만들어내려고 하는 욕망도 있었다. 하지만 중국에서 더 빠르게 진행 중인 다른 일들과 마찬가지로, 중국이 서양에서 받아들인 전통적인 개발주의가 진정 살 만한 환경을 만드는 최선의 방법이 아닐 수 있다는 자각도 빠르게 일어나고 있다. 처음 건설 붐이 일었던 1990년대를 돌아보면, 당시 예술가와 건축가들은 오래된 공장과 아파트 건물까지 재활용해 생활과 업무와 여가를 겸한 공간을 조성했다. 이 오래된 '유적' 중에는 20년밖에 안 된 건물도 있다. 중국은 서양 건축의 중심을 이뤄온, 오래 쓸 의도로 지어진 웅대하고 정적인 기념물이 아니라 잠시 쓰고 말 구조물을 짓기도 한다. 오랫동안 구조적 재건을 거듭해온 문화가 있는 중국은 건축의 가능성을 점점 더 빠른 속도로 새롭게 실현하는 방향으로 나아가고 있는 듯하다.

2015년에 선전-홍콩 바이시티 도시건축 비엔날레(Shenzhen and Hong Kong Bi-City Biennale of Urbanism and Architecture)의 공동 큐레이터를 맡았을 때의 일이다. 건축가 알프레도 브릴렘버그와 후베르트 클룸프너, 도린 류와 함께 나는 이미 존재하는 형태와 건물을 그러모아 기존 주택과 사무소, 거리, 더불어 도시 전체를 활기차고 열린 모습으로 또는 더 신나게 만드는 법을 보여줄 전시를 기획하고자 했다. 동료 큐레이터들은 두 도시의 광범위한 지역을 대상으로 기획하면서 '하향식' 계획과 '상향식' 계획을 결합한 제안을 모았다. 그러니까 정치인과 관료와 디자이너가 도시의 미래상을 펼치면 개발업자가 가능한 한 효율적이고 잘 팔리는 상자 모양 건물을 채워 넣는 '하향식'과 평범한 사람들이 자기 공간을 직접 책임지는 '상향식' 계획을 결합하고자 한 것이다.

나는 좀 더 작은 규모에서 디자이너들이 일상의 재료와 공간을 디자인으로 변형하는 방법에 집중하기로 했다. 그런 변형의 목적에 관해서는 각 디자이너의 재량으로 남겨뒀다. 나는 그저 미친 듯이 급성장하는 한 도시(1970년대에는 인구 2만 명 미만의 어촌이었다가 이제 1천만 이상의 대도시가 된 곳)의 주민들이 썩 좋지 않은 공간을 재활용해 생활과 여가, 업무, 모임 용도로 개선할 수 있는 일종의 시나리오를 담아내라고 주문했을 뿐이었다.

그 결과, 전시된 설치작품들은 톡톡 튀는 것(카를로스 히메네스가 로스앤젤레스에서 구매한 장난감들을 다시 그 생산지인 선전으로 가져와 배치한 일종의 추상적인 인형 집)부터 실리적인 것(중국 건축가 펑펑이 재활용 맥주 상자들로 만들어 에어비앤비를 통해 예약할 수 있는 방)까지 다양했다. 내가 가장 좋아한 작품은 건축가 프란체스코 델로구와 예술가 마리아 크리스티나 피누치의 작품이었다. 프란체스코 델로구는 다른 참가자 한 명이 탈락한 마지막 순간에 내가 불러들인 오랜 친구다. 그들은 젊은 건축가 조반니 비메르카티와 다비드 탄티모나코의 힘을 빌렸는데, 두 건축가는 선전에서 몇 주를 보내며 길거리에서 버려진 것, 값싼 기계와 장치, 평범한 폐기물 따위를 찾아다녔다.

그들은 이 모든 걸 접합해 플라스틱 상자들로 이뤄진 벽체를 만들었다. 전구 하나가 달린 작은 방을 에워싸도록 상자들을 배치했고, 전시 공간에서 밖으로 열리는 커다란 차고 문이 다른 작품을 건드리지 않게 벽체를 연장했다. 형형색색의 사물로 가득 들어찬 이 벽들은 순전히 다양한 시각 정보로 눈길을 사로잡는 벽걸이 융단과도 같았다. 벽체를 가까이 들여다보면 인형의 팔, 의자, 섹스 토이(이건 어쩌다 거기에 들어갔을까?), 찢어진 잡지 페이지와 같은 예상치 못한 단편들을 발견할 수 있다. 각각의 단편은 원래의 형태적 맥락이 제거된 채 저마다의 존재감과 아름다움을 드러내고 있었다. 관객들은 원래의 용도를 궁금해하지 않고 그 자체를 바라보기 시작했다. 각각의 단편 자체로서, 그것들이 구성하는 더 큰 패턴의 일부로서 말이다.

말하자면 델로구와 피누치는 무질서 속에서 질서를 찾고 찌꺼기 속에서 의미를 찾았다. 그런 시도를 집에 적용하기 위해 그들은 벽체가 만나 생긴 실내 공간에 헌책이나 버려진 책을 배열했다. 책등이 안쪽을 향해 있어서 책의 페이지 끝만 보일 뿐이었다. 제목이 안 보이는 책들은 제 기능을 하지 못했지만, 그렇게 배치한 덕분에 관객은 고요한 정적 속에서 종이 냄새를 맡으며 자기 주변에 감도는 충만함에 취할 수 있었다. 아련한 향수와 상실감이 사방을 에워싼 형형색색의 다채로운 요소와 균형을 이뤘다. 그것은 기념비적 건축이 아니었다. 다만 주변의 장소를 모아 관객이 잠시나마 머무르며 생각할 수 있는 따뜻한 보금자리로 만드는 건축이었다.

13

앞서 말한 종류의 작업을 '브리콜라주(bricolage)'라고 부른다. 이는 서로 다른 조각들을 전체적으로 응집된 무언가로 함께 그러모으는 것이다. 독학한 예술가와 건축가들은 오래전부터 이런 식으로 작업해왔다. 미국에서 가장 유명한 브리콜라주의 사례는 와츠 타워(Watts Tower)인데, 이 타워는 '손재주꾼(handyman)' 사이먼 로디아가 1921년부터 1954년까지 로스앤젤레스에 직접 설치한 일련의 첨탑들이다. 타일 단편들이 콘크리트와 조적 벽체를 따라 배열되었고, 거기서 솟아오른 뒤틀린 형상의 타워들은 장소의 표식을 만들려는 의도 외에 특별한 목적이 없다. 아마도 이 작품은 로디아의 길이 남을 자전적 작품인 동시에 일종의 수수께끼 같은 기념비로 남을 것이다.

인류학자요 철학자였던 클로드 레비스트로스는 『야생의 사고(The Savage Mind)』—그가 아마존에서 진행한 연구에 기초해 1962년 프랑스에서 처음 출판된 책—에서 주장하기를, 브리콜라주는 단순히 훈련되지 않았거나 목적 없는 상태를 보여주는 증거가 아니라 논리적이고 과학적인 방식에 대한 대안이라고 했다. 레비스트로스에 따르면 과학자는 일단 실재하는 사물을 관찰한 다음 그걸 조직화하고 분석한 후 마지막으로 추상적인 분류와 결론을 이끌어낸다. 하지만 브리콜라주를 하는 손재주꾼은 그와 반대의 과정을 거친다. 손재주꾼은 자기 주변에서 찾은 사물들을 모아 배치하고 연결함으로써, 사물들이 시각이나 촉각 또는 미각의 대상으로서 관계 맺는 가운데 질서가 일어날 수 있게 한다. 여기서는 모으기가 요점이다. 사물을 어떻게 모으느냐에 따라 생겨나는 균형 또는 긴장이 구체적인 사물의 관계 속에서 우주의 힘을 재배열한다. 보이지 않던 힘들이 명백히 드러나고 사방을 둘러싼 사물 속에서 자체 역량을 최대한 펼쳐내게 된다.

레비스트로스의 관점에서 중요한 건 잎사귀와 씨앗, 나무껍질, 꼬투리, 바위가 이들이 속한 세계와 분리되지 않으며 단지 뭔가의 증거물로서 존재하지 않는다는 점이다. 오히려 이들의 전체적인 맥락이 개개의 사물이 갖는 본성을 명백히 드러내고 강화하며 확고하게 만든다. 디자인의 마력은 이미 존재하되 늘 우리가 보지 못하는 걸 드러내는 데 있다. 손재주꾼의 행위는 사물의 아름다움을 더욱 밝게 조명한다.

이런 행위는 우리가 주변 사물을 얼마나 과소평가하는지 깨닫게 한다. 눈에 보이는 사물 대부분은 그 성질과 종류를 딱히 정의하기 어려운 것들이기 때문이다. 우리는 대부분 인공의 재료와 형태와 이미지를 접한다. 우리를 둘러싼 벽은 시멘트와 골재, 모래와 화학물질이 결합된 콘크리트로 이뤄져 있다. 벽 위에는 입자가 더 고운 회반죽이나 페인트 같은 재료를 바른다. 건물은 철광석을 녹여 화학물질을 첨가해 만드는 강철 구조일 수도 있다. 창문은 유리로 만든다. 유리는 강철보다 더 잘 녹고 혼합하기도 쉬워서 벽돌로 만들어 쓸 수도 있다. 우리가 쓰는 나무나 돌 같은 천연 재료도 이미 재단했거나 광택을 냈거나 처음 발견됐을 때와 다른 무엇으로 변형된 단편들이다.

이에 대한 반응으로 어떤 건축가들은 '진짜(real)' 재료라는 물신을 만들어냈다. 그들은 '장인정신'을 되살려 두 목재 단편을 잇는 연결 부재들을 드러내려고 한다. 돌과 심지어 콘크리트까지 깨뜨리고 완공된 면에 구멍을 남겨둠으로써 목재의 결합방식을 보여주려고 한다. 아울러 나무의 질감과 거푸집 끝의 울퉁불퉁한 모서리를 드러냄으로써 인간의 손길로 다듬어진 재료의 현실감을 전해주려고도 한다. 실제로 그런 느낌이 들게 하더라도 그 방식은 어디까지나 우리가 주변의 모든 걸 본래의 상태와 얼마나 다르게 바꿔버리는지 일깨울 뿐이다.

이 모든 작업에는 엄청난 양의 에너지가 소모되며 그중 거의 모든 에너지가 중간 과정에서 낭비된다. 강철을 제련해 모양을 내고, 콘크리트를 배합하고, 목재를 잘라내는 데만도 엄청난 양의 천연자원이 쓰인다. 천연 재료를 사용한대도 그런 낭비가 고작 조금 줄어들 뿐이다.

오히려 손재주꾼처럼 브리콜라주 작업을 한다면, 그렇게 기존의 재료와 형태를 모두 모아 재배치하여 의미와 아름다움과 용도를 부여한다면 어떨까?

14

브리콜라주가 중요한 이유는 단지 그것이 위계를 깨뜨리고 완벽함에 집착하지 않으며 세상 속에서 우리를 인식하며 안주하는 데 집중한 제작법이어서가 아니다. 브리콜라주는 자원이 남아돌기보다 부족한 세계의 기술이란 점에서도 중요하다. 브리콜라주는 자기 주변의 사물을 활용하는 제작법이며, 수백만에 이르는 전 세계 빈곤 인구가 취할 수 있는 유일한 건축 방식이기도 하다. 일반적으로 그런 건축은 빈민의 피난처로 보기 때문에 건축(architecture)이라는 이름을 붙이지 않을 뿐이다. 또한 그것이 궁핍에서 나온 결과물이라는 이유로 저급하거나 고려할 가치가 없는 것으로 여기곤 한다. 심지어 브리콜라주를 진지하게 받아들인다고 하더라도 말 그대로 슬럼가에 가보는 건 위험하다고 여기는 게 우리의 현실이다.

몇 년 전 나는 뭄바이에 머물렀는데, 뭄바이 최대 슬럼가인 다라비(Dharavi)로 답사하러 가자는 초대를 받았다. 다라비에는 끔찍한 생활 조건에서 최악의 빈곤에 직면한 수백만 명의 인구가 살고 있다. 내가 그곳을 걸으며 처음 목격한 장면은 뼈만 앙상하게 남은 개 한 마리가 자신의 분홍빛 피부가 비친 더러운 물을 마시는 모습이었다. 오물과 냄새, 영양실조의 낌새가 확연하게 느껴졌다.

하지만 그곳에는 아름다움과 산업의 흔적도 있었다. 나는 다라비가 매년 10억 달러 이상의 경제 가치를 생산한다는 얘기를 듣고도 놀라지 않았다. 그보다 훨씬 더 놀라웠던 건 거의 모든 경제가 재활용에 기반을 두고 있단 점이었다. 그곳에는 쇠붙이와 나뭇조각, 플라스틱 시트, 그밖에 주변에서 찾아볼 수 있는 것이면 무엇이든 모아서 주민들이 직접 만든 판잣집들이 즐비하다. 그중에는 꽤 정교하게 만든 집과 가게도 있으며, 동네 전체에 사람들이 모일 수 있는 광장도 여기저기 분포해 있다. 광장에서 아이들은 직접 만든 골대를 이용해 공놀이를 한다. 물론 그곳은 슬럼가다. 하지만 거기에는 집에서 집으로, 길에서 길로 우리를 이끄는 놀라운 질감과 복잡성이 있다.

내가 처음 목격한 한 작업장 바닥에는 상자가 쌓여 있었다. 상자 위에서 자는 사람들도 있었지만 상자들을 분류해 쌓아두는 사람들도 있었다. 나로서는 그 용도를 가늠하기가 어려웠다. 그런데 곧 그 상자들은 동유럽산 중고품으로 보이는 고풍스러운 기계 속으로 들어가더니 반대쪽에서 완전히 새로운 상자가 되어 나왔다. 우리가 방문한 모든 곳에서 그런 장면을 목격할 수 있었다. 소비지향 사회의 잔여물을 재활용한 구조물은 이전의 용도가 연상되는 질감과 모양과 색을 갖추고 있었다. 팽팽하고도 무른 접착제로 접합된 재활용품은 사람들의 거처가 되기도 했고, 소비 세계를 끊임없이 재편하며 공동체를 유지하는 역할을 하고 있었다.

그렇다면 우리가 다라비에서 얻을 수 있는 교훈이 무엇인지, 아울러 그 공동체가 더 위생적이고 살기 좋은 곳이 되도록 도울 방법이 있는가 하는 질문을 해볼 수 있겠다. 그곳의 청년층에게 슬럼가보다 좋은 기회를 제공할 시설을 지원할 수 있을까? 다라비의 아름다움과 산업과 응집력을 그 '도시 속의 도시'에 스며든 극한의 빈곤과 궁핍에서 분리해낼 수 있을까?

현재 다라비 주변에서는 전면적인 고층 건물화가 진행되고 있다. 정부는 이 슬럼가가 완전히 사라지기를 몹시도 바라는 듯하다. 판자촌을 철거해 하수관과 급수관을 설치하고, 효율적이며 안전하고 건강한 사회적 주거를 공급하는 해법이 더 논리적일 순 있겠지만, 그럴 경우 다라비를 그토록 놀랍게 만든 특징은 파괴되고 말 것이다.

다라비 사례가 적용하기 어려운 교훈처럼 느껴지는 또 다른 이유는 (레비스트로스가 자신에게 브리콜라주를 보여준 부족을 '원시' 부족이라 부른 것처럼) 우리가 브리콜라주를 원시 문화와 연관시키고, 우리 사회의 빈곤과 결부 짓는다는 사실에 있다. 우리 사회는 몸과 건물, 자동차와 가정용품에 이르기까지 온통 최근과 최신의 것, 가장 빛나고 완벽한 것에 초점을 둔다. 건축뿐만 아니라 다른 많은 분야에서도 우리에게 가장 시급한 것은 다시 쓰기와 재구성, 재활용할 방법을 찾는 일이다.

15

요즘 일상에서 사용하던 재료를 다시 쓰고 특히 그 용도를 변경하는 작업은 거부감 없이 받아들여지고 심지어 멋진 작업으로 여겨지기도 한다. 이는 빈집 점거 운동과 히피 문화를 바탕으로 멋진 디자인을 만들어낸 디자이너들의 몇몇 사례가 가져온 영향이다.

1992년 이탈리아의 밀라노에서 열린 한 작은 전시회는 디자인 업계에 놀라움을 선사했다. 밀라노는 평소에 다소 지루한 도시이지만, 매년 봄만 되면 디자이너와 제조업체, 디자인 애호가 수천 명이 국제 가구박람회를 찾는다. 가구 업계에서는 이미 엄청나게 중요한 행사이지만, 지난 수년간 이 박람회는 업계의 비주류에 관심 있는 사람들까지 끌어들이기 시작했다. 작은 전시회에서 선보이는 디자인들은 그다지 편안하지도 않고 쉽게 만들 수 있는 것도 아니다. 하지만 그 디자인들은 편안함의 개념이라든가 그저 앉는다는 게 뭘 뜻하는지 등을 실험한다. 강의와 워크숍이 열리고 길거리에서도 파티가 열리면서 도시 전체가 고급 디자인이 돋보이는 가구 축제의 장으로 변모한다. 디자인에 대한 토론과 전시가 이뤄지고 대중은 제품을 직접 사용해볼 수도 있다.

그해에는 특히 네덜란드의 여러 디자이너와 비평가가 뭉쳐 일부 실험적인 작품들을 선보였다. 그들은 스스로를 '드로흐(Droog)'라 불렀는데, 이 말은 네덜란드어로 '건조한(dry)'이라는 뜻이다. 난센스적인 이름인 것이, 여기에는 능청스러운 재치와 중립적이고 현실적인 디자인을 표방하려는 기조가 담겨 있었다. 그들이 선보인 디자인은 노출 전구 85개를 묶어 만든 샹들리에, 벼룩시장에서 발견한 잡동사니로 만든 가구, 일상에서 발견한 조각들을 새로운 점토 소재와 결합한 세라믹 제품, 아이의 그림처럼 보이는 의자 등이었다. 목재를 굽혀 만든 곡면이나 대리석을 조각한 힘찬 곡선은 보이지 않았고, 디자이너들이 찾아낸 물건에 이미 포함된 게 아닌 이상 어떤 장식도 부가하지 않았다. 또한 가구란 무엇이고, 어떻게 만들어져야 하는지를 묻는 것 외에는 아무런 허세도 부리지 않았다.

드로흐 컬렉션은 선입견을 깨뜨렸고, 여섯 명의 참가자 가운데 여러 디자인 스타를 배출했다. 드로흐는 수년에 걸쳐 성공적인 브랜드로 자리 잡았는데, 공동 창립자 겸 디렉터인 레니 라마커스의 관심은 사실 재활용과 브리콜라주보다 더 큰 사회적 현안에 있다. 하지만 그들의 초기 컬렉션이 전 세계적으로 영향을 미쳐 이제 재활용 재료로 만든 가구는 더 이상 낡은 게 아니라 세련된 디자인으로 인식된다. 드로흐는 좋은 디자인이란 기존에 있는 형식의 이미지를 바꾸고 재료를 재활용하는 것일 수 있음을 보여줬다.

그 후 마르설 반더르스와 피트 헤인 에이크와 같은 드로흐의 일부 디자이너들은 건축 분야로 옮겨가 실내를 디자인하기 시작했고, 심지어 건물 전체를 설계하기도 했다. 그들은 몇몇 건축가 세대에 영향을 주었고, 영향을 받은 건축가들은 그들의 기법과 태도를 본받았다. 그중 가장 흥미로운 사례를 하나 꼽자면, 2012 아르히텍턴(2012 Architecten)이라고 이름 지었다가 요즘에는 슈퍼유즈 스튜디오(Superuse Studio)란 이름으로 활동하는 회사다. 그들은 확산 중인 디지털 기술에 다시 쓰기 개념을 결합해 '하비스트 맵(Harvest Map)'이라는 지도화 도구를 만들었는데, 이 도구는 원래 그들의 프로젝트에 사용할 재료를 구하려고 자료 정리 차원에서 시작한 것이다. 그들은 흔히 쓰이는 버려진 제재목을 넘어 버려진 세탁기와 주방 싱크대를 쓸 수 있는 법도 물색했다. (버려진 제재목은 이제 꽤 인기 재료가 되었는데, 도시 개척자 행세를 하는 부류에게 각광받는, 풍화에 시달린[distressed] 외관을 즉각 연출할 수 있기 때문이다.) 그뿐만이 아니다. 이 스튜디오는 트럭의 타이어를 소파로, 자동차 시트를 소극장 좌석으로 탈바꿈시켰다.

이에 못지않게 중요한 점은 하비스트 맵이 누구든 자기 집 근처에서 재료를 찾아낼 수 있게 만든 오픈소스 소프트웨어란 점이다. 건축에는 잘 확립된 공급 체인망뿐만 아니라 표준 치수의 알려진 재료들을 사용해 도면을 건물로 구현해온 오랜 역사가 있고, 알 수 있는 범위 내에서 최종 외관과 비용, 경제적·심미적 의미의 가치를 예측하는 건물 계획법도 있다. 뭔가 다른 방식으로 작업을 진행하려면 이런 방법도 개발할 필요가 있다.

이런 움직임은 여전히 걸음마 단계에 있다. 게다가 브리콜라주라는 개념 자체가 많은 예측을 하지 못하게 만든다. 브리콜라주는 임시변통적인 방법이다. 손재주꾼이 발견한 사물은 그 기능에 어울리는 장소가 있고, 그와 어울리는 다른 사물이 있으며, 간극을 메울 만한 다른 무엇도 필요하다. 다른 무엇이 이 조합을 확장시키면서 처음 예상과는 다른 공간이 될 수도 있다. 그다음에 무슨 일이 일어날지 예측할 수가 없다. 물론 일반적인 예상을 해볼 수는 있지만 말이다. 사실 슈퍼유즈 스튜디오가 이런 방식을 단독주택 건축과 같은 평범한 사례에 적용했을 때, 그 결과는 어색하고 불편한 데다 비싸 보이

건조한 유머로 디자인하는 법

기까지 했다.

달리 말해 브리콜라주는 건축을 근본적인 수준에서 재고해 볼 필요가 있음을 시사한다. 건물이나 도시를 계획하는 게 아니라, 공간이 부족하거나 특정 재료가 차고 넘치는 특별한 상황에서 주효한 게 브리콜라주다. 이 방법은 생산 과정 속에서 자신의 형식을 재발명한다. 미국의 낙후 지역에 주거와 공동체 건물을 짓는 루럴 스튜디오(Rural Studio)*부터 중국에서 재활용한 벽돌로 건물을 짓는 아마추어 아키텍처(Amateur Architecture)*에 이르기까지, 새로운 재료를 낭비하지 않으려는 태도는 전 세계적인 추세다.

미국 건축가 새뮤얼 막비와 D. K. 루스가 1993년에 앨라배마주 헤일 카운티에 설립한 건축사무소. 막비와 루스가 타계한 지금은 마이클 프리어가 이끌고 있으며, 오번대학교 건축과 교육과정의 일환으로 학생들을 참여시켜 지역 공동체를 위한 건축을 설계하고 시공하는 스튜디오다.

중국 건축가 왕수와 루원위 부부가 1998년에 항저우에 설립한 건축사무소

이런 작업 중 최상의 경우는 훨씬 더 오래된 전통인 리노베이션과 다시 쓰기에 기초한 건축을 할 뿐만 아니라, 건설업의 효율성이 그 어느 때보다 증가해 신축 건물에 대한 투자가 점점 줄고 있다는 사실도 인식한다. 말하자면 건물이 싸게 지어지고 있으며, 치장은 고사하고 현실에서 쓰이는 재료도 점점 더 적어지고 있음을 인식한다는 얘기다. 이는 곧 오래된 것일수록 대개 시공 상태가 더 좋고, 그렇기 때문에 튼튼한 벽체부터 아름다운 디테일에 이르기까지 활용할 만한 요소가 더 많다는 뜻이다. 리노베이션은 대개 더 풍부한 공간을 만들어낸다. 사람의 손이 닿은 사물의 표면에는 사용하고 점유한 흔적이 남기 때문에, 리노베이션은 최고의 건축가가 설계한 경우라도 신축 건물이면 불가피하게 나타나는 중성적 특질을 피할 수 있다. 오래된 외피를 잘라내거나 변경하는 행위는 그것만으로도 과감하다는 느낌을 불러일으킨다. 새로운

시야를, 또 다른 관점을, 심지어 모든 것의 시간성을 일깨워 충
돌의 감각을 열어젖힌다.

브리콜라주와 기존 구조물의 다시 쓰기는 분별없이 새로운
건물을 양산하는 실망스런 방식에 대한 대안이 될 수 있다.
또한 돈과 권력으로 자신을 고용한 의뢰인의 입맛에 맞춰야
하는 직업의 굴레 속에서 건축가와 의뢰인만의 비전을 사용
자나 관찰자에게 강요하고 있음을 느끼는 건축가에게 탈출
구를 제공할 수도 있다. 브리콜라주와 다시 쓰기를 택하는 건
축가라면 공동체를 둘러보면서 자신의 기술과 지식을 활용
해 남아 있는 재료들로 대안을 만들 궁리를 해볼 수 있을 것
이다.

16

다시 쓰기가 핵심 전략이 된 곳은 유럽이나 뭄바이의 슬럼가
만이 아니다. 1990년대 초부터 일부 건축가들은 현대 기술
을 활용해 미국식 주택을 분해하고 재구성할 수 있다고 생각
했다. 나는 당시 그것을 '홈 디포 모더니즘(Home Depot mod-
ernism)'이라고 불렀는데, 교외 지역을 중심으로 전국적으로
확산된 주택용품 DIY 체인망인 '홈 디포'를 본 따 부른 것이다.
이렇게 접근할 때 브리콜라주가 건설과 디자인 과정의 더 자
연스러운 일부가 될 수 있다는 나의 믿음은 지금도 여전하다.

우리는 주변 환경을 이루는 많은 구성품들을 홈 디포나 이케
아 같은 상점을 통해 구매한다. 적은 수의 사람들만이 건축가
에게 의뢰해 자택이나 일터, 여가 장소를 설계하는 호사를 누
린다. 실내 디자이너를 고용해 우리의 생활에 어울리는 인테
리어를 제안받을 비용과 시간적 여유가 있는 사람도 매우 적
다. 결국 이런 현실에서 건축은 사용자의 주목을 끌기 위해
다소 웅대한 기념물이 되기 마련이다.

그에 반해 우리가 인식하고 제어할 수 있는 것은 우리의 몸과
사회적 의례에 맞게 배치되는 가구들이다. 우리는 가구의 표
면을 가능한 한 기분에 맞는 페인트나 재료로 마감한다. 우리
는 언제나 원하는 대로 바꿀 수 있는 것들에 초점을 맞춘다.
좋은 디자이너는 공적 공간에서 우리에게 필요한 것을 강조
하고 기분 좋게 만들어 스스로 멋진 곳에 있다고 느끼게 한

다. 19세기 선술집, 쇼핑몰 매장이 아닌 오래된 가게, 공항 속의 작은 거실과 같이 또 다른 장소를 환기하는 분위기를 만들어내면서 말이다. 오로지 문화 센터나 예배 장소, 스포츠 경기장처럼 중요 행사가 열리는 대규모 공간에서만 건축은 실제로 우리에게 영향을 미친다.

우리 주변의 사물은 대부분 스페인 건축가 랑가리타-나바로가 말하는 "부드러운 건축(soft architecture)"에 속하는데, 흡사 옷을 연장한 것이나 다름없이 유연하고 확장 가능하다는 얘기다. 말하자면 전등과 냉난방 장치, 휴대폰 신호, 컴퓨터 화면 등을 통해 보이지 않는 기포 같은 영역이 만들어지고 강화된다는 것이다. 우리는 각자의 보호막 안에 살면서 삶의 흔적을 사무실 칸막이 주변에 남겨놓는다. 의자 위에 몸의 흔적을 남기고, 전등에서 컴퓨터에 이르기까지 우리를 에워싸는 모든 냉엄한 기술의 산물 위에 덮개를 씌우면서 사는 것이다. 우리는 곧잘 웅장한 건축만이 정말로 중요하다고 생각하지만, 건물 안에서 우리가 바라는 것이라곤 그저 편안함과 편리함밖에 없다. 또한 우리는 건축이 그 구조 안에 배치되는 것에 의미를 부여하고 그걸 질서정연하게 구성하는 체계를 만들어낸다고도 상상한다.

물론 그럴 수도 있지만 정작 우리가 경험하는 건 대부분 가구와 장식이다. 그렇다면 왜 가구와 장식에서부터 시작해 건축하지 못하겠는가?

그러므로 정말 주목해서 다뤄봐야 할 것은 오늘날 진정 집 같은 편안함을 전해주는 사물들이다.

주택용품 DIY 매장에 가서 통로를 한번 거닐어보라. 각종 철물과 집을 만드는 데 필요한 대부분의 품목들이 있다. 생활하고 일할 장소를 짓는 데 필요한 문과 커튼, 바닥재, 페인트, 창문, 목재 등등. 이것들을 잡아줄 구조체가 없을 뿐이다. 하지만 그런 구조체는 대개 눈에 보이지 않는 것이다.

거기서 찾은 부품들을 사서 조립해보라. 당신이 건축가라면 건축 분야에 적합한 기술을 활용해 조립해볼 수 있다. 제조업체가 의도하지 않은 용도와 연결법을 개발할 수도 있다. 이것이 바로 홈 디포 모더니즘의 실천가가 누릴 수 있는 재미다. 이들이라면 배관용으로 제작된 철물을 전등이나 창틀로도 활용할 수 있을 것이다. 목수가 나뭇조각을 제자리에 고정할 때 쓰는 죔쇠를 다양한 가구를 결합하는 용도로 쓸 수도 있다. 플라스틱 시트로 방을 도배해 아름답게 꾸밀 수도 있다.

건축 관련 훈련을 받지 않은 사람도 이런 작업을 할 수 있다. 그게 바로 브리콜라주의 핵심이다. 브리콜라주는 과학보다 직관에 의존하는 것이니까. 하지만 전문 건축 기술을 보유한 사람은 직설적으로든 비유적으로든 복잡한 구조의 대규모 브리콜라주를 더 쉽게 만들어볼 수 있다. 배관으로 고전 오더를 재현할 수도 있고, 합판 조각을 죔쇠로 고정해 공간의 틀을 만들 수도 있다. 아늑한 실내 공간과 탁 트인 외부 공간의 관계를 모색하며 좀 더 분명히 표현할 수도 있다.

주택용품 DIY 매장의 통로를 거닐거나 이케아가 제시하는 경로를 따라 돌아다녀 보는 것만으로도 즐거움을 느낄 수 있다. 그런 경험을 건축으로 전환하는 상상을 해볼 수도 있다. 그렇다면 이제 남은 건 건축이 주변의 인공적 경관과 자연환경 모두에 스며드는 일이다. 풍경과 재료를 모두 다시 쓰는 브리콜라주 건축은 무분별한 도시 확산과 산악지형에 대한 응답이자 자기 장소를 표시하고 인식하는 방법이 될 수 있다.

17

예술가 데이비드 아일랜드가 1970년대에 예술 프로젝트
로 탈바꿈한 샌프란시스코 미션 지구의 카프 스트리트 주택
을 방문했던 날, 나는 리노베이션이 그저 오래된 건물 한 채
를 고치는 데 그치지 않는 작업임을 처음으로 느꼈다. 그 집
은 특별히 웅장하거나 여러 세대로 이어져 온 집은 아니었지
만, 아일랜드에게는 금광이나 마찬가지였다. 그 집에 걸어 들
어가는 순간은 아일랜드를 비롯해 그간 몰랐던 많은 사람들
의 삶 속으로 진입하는 여정이었다. 그가 무거운 물건을 옮기
려다 스토브가 벽에 부딪혀 생긴 구멍에는 청동 명판이 걸려
그 사건을 기념하고 있었다. 그 명판은 내가 델프트의 궁전을
방문했을 때를 떠올리게 했는데, 네덜란드 건국의 아버지 오
라녜 공작 빌럼 1세가 암살범의 총격으로 사망한 그 궁전에
서 탄흔을 경건하게 쳐다본 기억이 있기 때문이다. 아일랜드
가 떼어낸 여러 시대의 벽지 조각들은 세심하게 보존되어 있
어서, 이 집을 거쳐 간 과거 여러 세대의 삶을 읽어낼 수 있는
지도가 되어주었다.

아일랜드가 사용했던 집안 물품들은 등받이 없는 걸상에 빗
자루를 기대거나 바닥 위에 양동이를 두는 등 평소 그가 좋아
했던 모습 그대로 보존해 밝은 빛 아래 상설 전시해둔 상태였
다. 대부분의 표면에 셸락바니시나 광택제를 발라둬서 집안
곳곳이 어슴푸레 빛나고 반짝였다.

아일랜드는 카프 스트리트 주택을 시간을 응축하고 고정한 3차원 스냅 사진으로 바꿔놓았다. 이 주택은 과거나 지금이나 수수한 재료와 시간이 서린 소재의 아름다움에서 생명력을 얻는 일종의 반(反) 기념비다. 또한 이 작품은 예술가가 남길 것과 폐기할 것, 버릴 것과 계속 사용할 것, 드러낼 것과 감출 것을 고르는 방식 면에서도 역사를 창조했다. 여기서 나는 건축의 기본적인 구성 요소인 공간과 구조와 재료가 단지 우리가 만드는 대상이 아니라 발견하는 대상이기도 하다는 깨달음을 얻었다. 그런데 우리가 보는 건축은 대개 어떠한가. 사용성과 쾌적성을 선호하느라 일상이 만들어낸 현실을 감추고 채우고 소멸시킬뿐더러, 어렴풋이 잘 만들어진 것만으로 사용자를 만족시키려 하지 않던가.

이제 나는 일상의 산물을 그대로 두기 위해 발견하고, 남겨두고, 열어젖히고, 작업을 멈추는 것도 건축이 될 수 있음을 이해한다. 그런 건축에 들어설 때는 숨을 고르고 웬만해선 거의 내쉬지 말아야 한다.

18

이미 존재하는 것에 신경 쓰고 이를 재활용한다고 해서 일상
의 바다에 함몰되는 것은 아니다. 좋은 디자인(과 예술)의 핵
심은 우리가 존재하는 것을 보고 관찰하고 숙고하고, 때로는
잠시나마 그 앞에서 걸음을 멈추고 감탄하게 만드는 데 있다.
말하자면 나뭇결이나 콘크리트 위의 얼룩에서 아름다움을
보게 할 뿐만 아니라, 건물이 끝나면서 하늘이 열리는 장면을
연출하고, 인간의 영역을 벗어난 드넓은 규모를 실감하게 하
는 게 중요하다는 말이다. 좋은 디자이너는 눈앞에 바로 존재
하는 것뿐만 아니라 저 바깥에 존재하는 것도 보여주기 위해
다양한 방법으로 작업한다.

내가 카프 스트리트 주택을 처음 방문한 지 몇십 년 후에(아
이러니하게도 그 주택은 이제 복원을 거쳐 그 고유의 상태
를 보존하는 방식으로 변형되었다),
나는 파티 참석차 베이 에어리어(Bay
Area)＊를 다시 찾았다. 그 파티는 예
술품 수집가인 노라와 노먼 스톤 부부
가 매년 여름 나파 밸리에 소유한 와
인 생산지에서 여는 파티였다. 스톤
부부도 오래된 집 한 채를 예술적이고
능숙하게 개축해두었는데, 카프 스트
리트 주택과 차이가 있다면 이곳은 주

＊캘리포니아주 중서부의
샌프란시스코만(San
Francisco Bay)과
샌파블로만(San Pablo Bay)
등을 중심으로 한 광역
도시권을 일컫는 이름.
샌프란시스코만 남쪽으로는
샌프란시스코를 비롯한
실리콘 밸리가, 샌파블로만
북쪽 나파강 상류에는
대규모 와인 생산지로
유명한 나파 밸리가 있다.

로 세심하게 오래된 느낌을 낸 제재목과 미가공 벽체를 깔끔하게 조율하는 방식으로 보존했다는 것이다. 스톤 부부는 이웃의 몇몇 수집가들처럼 소장한 예술품을 전시하는 공간도 따로 마련하지 않았다. 그 대신 집 옆의 벼랑 속에 동굴을 파내고, 그곳에 최근 수집한 예술품들을 보관해두었다. 파티는 그 작품들을 감상하는 것으로 시작되었고, 참석한 몇몇 예술가들이 자기 작품(또는 최근 예술계의 풍문)에 대해 설명했다. 우리는 잔디밭으로 옮겨 저녁 식사를 했고 해가 저물 때쯤 그날 저녁의 가장 중요한 행사가 시작되었다.

시카고에서 온 시에스터 게이츠도 참석한 예술가 중 한 명이었다. 캔자스 주립대학교*에서 도시계획을 전공한 그는 신학과 예술도 공부했고, 일본에서는 도예 장인 밑에서 도제 생활도 했다. 그가 시카고의 사우스 사이드로 돌아와 시카고 대학교에서 일하는 동안, 시카고 대학교는 그의 예술적 시도와 공동체를 위한 노력을 지원해주었다. 이런 노력은 중서부의 카프 스트리트 주택이라고 할 수 있는 도체스터 프로젝트*로 귀결되었

게이츠는 사실 아이오와 주립대학교에서 도시계획을 전공했다. 아이오와 주립대학교와 캔자스 주립대학교는 모두 중서부에 위치한 학교여서 저자가 혼동한 걸로 보인다.

시카고의 남동쪽에 위치한 사우스 도체스터 애비뉴와 69번 스트리트에 접한 건물을 개축한 프로젝트

다. 게이츠는 2009년부터 지역의 어린이와 장인과 협업하면서 재료를 수집했으며, 그렇게 모은 재료를 활용해 작은 집 한 채를 지역 주민회관으로 변모시켰다. 회관의 내외부는 지역민들의 추억을 담은 다른 건물들의 단편과 목재 조각으로 구성되었고, 오래된 느낌이 나면서 건물의 기원과 목적이 불분명한 집 한 채를 만들어냈다. 게이츠가 만든 이 집의 핵심 공간은 『에보니』 매거진이 기증한 과월호 컬렉션을 모아둔 방이다. 이 방은 서양 철학자와 작가의 지혜는 물론이고 미국

흑인 거주지역인 그곳의 근래 역사적 유산까지 모아놓은 도
서관이었다.

　　그 후 게이츠는 독일 카셀에서 열린 국제 예술박람회《도큐
멘타》의 위그노 하우스를 만들 때도 도체스터 프로젝트를 활
용했는데, 이 프로젝트의 건설과 해체 과정에서 생긴 단편들
을 박람회에서 판매해 수입을 얻었고 위그노 하우스 작업의
유사 사례로도 활용했다. 또한 그곳은 게이츠를 포함한 뮤지
션들의 픽업 밴드인 델타 몽크스(Delta Monks)의 공연 장소
로도 쓰였는데, 이들은 게이츠가 어릴 적부터 접해온 정통 블
루스와 재즈, 랩 등의 다양한 음악을 변주했다.

해 질 녘이 되자 델타 몽크스는 스톤 부부가 세심하게 꾸민
집의 현관에서 연주를 시작했다. 그들이 만들어내는 소리의
브리콜라주가 밤공기를 채웠다. 그들은 음악의 구성과 선율
과 가사로 게이츠나 데이비드 아일랜드의 물리적 프로젝트
와 같이 기억을 불러일으키는 일시적인 건축을 만들어냈다.
그 공연은 단순한 음악 행사가 아니라 하나의 집단적 경험이
었다. 마치 게이츠가 만든 건축이 형태와 심상과 공간으로 공
통의 기억을 떠올리게 하는 예술 프로젝트의 총합인 것이나
마찬가지였다. 예술가가 일깨우는 삶들을 실제로 살아보진
않았어도 그런 삶의 어느 특정한 시간과 장소에 접속하는 듯
한 느낌이었다. 분명 제한적인 경험이었지만 그때 나는 깨달
았다. 브리콜라주가 우리에게 그 가치를 설득할 능력을 갖추
려면, 매체를 막론하고 어떤 위대한 예술 작품과도 똑같은 힘
을 지닐 수 있고 그래야 한다는 걸. 건축이 단지 가장 효율적
으로 피난처를 생산하거나 망자나 한 사람의 권력을 기리는
활동에 그치지 않고 우리와 우리 세계를 함께 이끄는 것이라
면, 또한 우리가 어디서 왔고 어디에 있는지 그리고 어디로
가고 있는지 이해할 수 있게 돕는 것이라면, 틀림없이 우리를

마크 로스코(Mark Rothko).
'색면 추상'으로 유명한
추상표현주의 화가

놀라게 하며 감탄 어린 숭고와 인식과 경이를 가져다줄 능력을 갖추고 있을 것이다. 브리콜라주에는 그것만의 판테온과 로스코*가 있어야 한다.

나파 밸리의 하늘이 완전히 깜깜해지고 별이 뜨기 시작했다. 델타 몽크스는 연주를 멈췄고, 우리는 마지막 저녁나절을 보내기 위해 다시 잔디밭으로 나갔다. 우리는 탈의실로 들어가 파티 의상을 벗고 수영복으로 갈아입었다. 그러고는 더운 여름 저녁 교외에서 만나는 물이 늘 그렇듯 매혹적인 수영장으로 다이빙해 들어가 반대쪽 끝까지 개헤엄을 쳤다. 그러다 재빨리 몸을 낮추고 몇 번 더 헤엄쳐나가니 어느새 바닥이 물로 채워져 있고 천장이 하늘로 열린 벽 높은 방으로 들어와 있었다. 그곳은 제임스 터렐의 <스카이스페이스(Skyspaces)> 연작 중 하나였다. 이 공간에서는 그저 자리에 앉아 (이 경우에는 물 위에 둥둥 뜬 채로) 늘 곁에 있는 풍광인 하늘을 지켜보면 된다. 터렐은 교묘한 방식으로 천장 개구부의 테두리를 가는 틀로 재단해 하나의 선으로만 보이게 만듦으로써 하늘을 화폭에 담은 것처럼 제시한다. 새벽녘이나 황혼녘에 가장 잘 보이는 이 하늘 조각은 시간이 흐를수록 색이 변할 뿐만 아니라, 나름대로 하나의 모양을 취하면서 색과 광량에 따라 무겁게 가라앉거나 활짝 개기도 한다. 최근에 터렐은 실내조명으로 균형을 맞춰 시각 효과를 향상시켰지만, 나는 여전히 추상적인 방과 충만한 자연 사이의 균형이 마술적 효과를 내는 순수한 방을 더 좋아한다.

그날 밤 우리는 멋진 예술과 건축을 우아하게 감상한 다음 잠시 나마 브리콜라주에 참여했고, 숭고함에 가까운 공간 경험을 할 수 있었다. 현대 사회에서는 모든 걸 두고 떠나지 않아도 그런 경험이 가능하다. 그날 저녁 다시 시내로 운전해 돌아오면서 나는 스스로에게 물었다. 일상적이고 시간에 묶인 건축, 그리고 무한한 공허가 드러나는 건축이라는 일견 상반되어 보이는 두 극단 사이에는 과연 어떤 관계가 있을까?

건물을 넘어 건축을 보는 법

건축이 정말로 효과를 낼 때는 일상적인 것과 헤아릴 수 없는 무언가를 함께 끌어온다. 실제로 그런 건물 유형이 존재하는 데, 민주주의의 핵심을 이루는 도시 공공건물이 바로 그것이다. 우리 사회가 잘 작동하고 있다면, 일상적인 행정 업무를 맡으면서도 개인의 존재보다 더 큰 무엇을 인식하게 하는 구조, 말하자면 집단적 풍경을 중심으로 사람들이 모이게 된다.

그런 식으로 작동하는 구조를 찾으려면, 건축을 단독적인 오브제로만 보지 말고 인위적인 경관과 자연 풍경 모두에 대한 인간의 응답으로 봐야 한다. 나는 미국 전역을 여섯 번에 걸쳐 여행했는데 대부분 직접 운전하며 다녔다. 유럽 곳곳을 다닐 때도 같은 패턴으로 여행했다. 대개는 어떤 목적이 있는 (일자리를 옮기거나 현장을 답사하기 위한) 여행이어서 그랬지만, 인간적인 노력이 땅과 물과 하늘과 만나며 경외감을 일으키는 순간을 만끽하는 게 즐거워서이기도 했다.

땅과 하늘, 자연, 인공 구조물 사이의 관계를 경험해보는 가장 좋은 방법은 자전거를 타는 것이다. 왜냐면 자전거 속도로 다닐 때 주변 공간이 일관되고도 역동적으로 파악되며, 관찰자와 주변 사물 간에 아무런 장벽이 없기 때문이다. 또한 자전거를 타면 땅의 실제 높낮이를 자신의 근육으로 느낄 수 있는 데다 사람들이 거니는 거리의 격자에 맞춰 속도를 조절할 수도 있다.

하지만 더 큰 조망을 제공하는 건 자동차다. 자동차는 교차로와 도심, 랜드마크, 전광판이 만들어내는 리듬 속 풍경에 반복적으로 반응하며 그 위에 던져진 문화적 실타래가 풀어내는 기억 속으로 즉각 빠져들게 한다. 운전자에게는 늘 근본적인 사실들이 함께 따라다닌다. 강을 건널 땐 눈앞에 도시의 틈새가 열리고, 로키산맥에 천천히 다가갈 땐 지평선상의 희미하던 선이 어느새 사방으로 시야를 채우는 거대한 현실로 변하며, 언제 어디서나 하늘은 각양각색의 모습을 보여준다. 그다음엔 사람들이 만들어내는 사건들이, 옛 구조물의 유적이, 도심의 유리 마천루가 제시하는 새로운 형태의 약속이 눈에 들어온다.

운전자는 체인점에 들러 음식을 먹고 지역별 특색을 찾아보며 만물의 동일성과 차이를 모두 느끼려 한다. 고속도로를 벗어나 속도를 낮추면 친숙한 간판과 형태가, 예컨대 맥도날드와 주유소, 중서부의 곡물 창고나 동부의 전차 차고 따위가 그 지역의 특수종인 식물과 꽃, 나무와 어우러지고, 그 밑에서 돌이 불쑥 나타나며, 시시각각 변하는 빛은 더 많은 차이를 만들어낸다.

모든 장소가 실재하고 모든 장소에 역사가 있으며 모든 장소에 장소성이 있다. 아울러 모든 장소가 점점 더 똑같아지고도 있다. 자동차 운전자가 똑같은 경로로 한 건물을 거듭 방문하며 이 점을 이해하다 보면, 인간이 자연환경 위에 문명을 겹쳐서 엮은 브리콜라주를 더 잘 느끼게 된다. 국지적 규모뿐만 아니라 광역적 규모, 심지어 국가적 규모에서도 말이다.

가끔 그 모든 걸 종합한 건물을 만나게 된다. 내가 여러 차례 방문한 바 있는 네브래스카 주의회의사당도 그런 건물 중의 하나다. 이 건물은 미국의 다른 여느 타운에 있는 의회 건물처럼 도시 격자의 한복판에 있다. 의사당이 위치한 링컨시는 단조롭고 특별히 눈에 띄는 구석이 없다. 도심과 행정지구, 대학지역, 주거지역이 고풍스런 구시가지부터 방치된 구역, 새로운 교외 지역까지 단계적인 켜를 이루며 이어진다. 손가락처럼 뻗은 철도부지와 산업 지역은 도시의 핵심 부근을 관통하며 교외에는 학교와 쇼핑몰이 점점이 분포한다. 한편 시 전체를 아우르는 특색 있는 자연 지형은 링컨시만의 차별화된 장소를 만들어낸다. 링컨시는 그곳만의 냄새와 맛을 느낄 수 있는 장소로서 실재한다.

주의회의사당의 정사각형 블록은 도심 한복판의 약간 솟아오른 곳에 자리 잡고 있다. 이 건물은 뉴욕의 건축가 버트램 굿휴가 다른 분야의 예술가들과 협업하며 설계했는데, 헐벗은 신고전주의라고 묘사하면 딱 들어맞을 양식을 보여준다. 큰 블록들에서는 고전 건축의 규범이 연상되지만 건물은 지역 재료로 지어졌고 장식에서는 들소와 이 지역의 나무들이 떠오른다. 이 건물은 네브래스카주와 링컨시의 정체성을 기념할 의도로 계획되었다.

그 중심에는 네브래스카의 중요성을 선언하는 거의 120미터 높이의 타워가 있다. 수 마일 떨어진 거리에서도 보이는 이 타워는 모든 것이 모이는 지점에 있다. 이곳에 거주했던 미국 원주민들이 개발한 모티프를 기초로 장식한 엘리베이터는 최상층까지 운행되는데, 그곳에서는 모든 풍경을 다 볼 수 있다. 이 타워에는 또 다른 기능이 있다. 그 끝에 놓인 돔은 민주주의의 오래된 상징인데, 일반적으로 미국 전역의 의회의사당에 모이는 입법부를 나타내기 때문이다. 돔 위에는 아래쪽의 비옥한 평원 위로 씨를 뿌리는 사람의 동상이 서 있다. 이 노골적인 남근의 상징은 성적인 능력을, 그들이 여성적으로 여기던 자연을 남성적 질서로 바꾸는 인간의 능력을 강조한다. 그것은 한 장소를 우리 것으로 만드는 방식이 얼마나 원시적이며 자의식의 산물일 수 있는지를 보여준다. 나와 같은 방문객에게 이런 상징은, 그동안 수많은 시도를 통해 인간이 세계를 어떻게 바라보고 활용하는지 이해하려고 했던 내 자신의 노력을 갑자기 허무하게 만들어버린다.

도시의 격자를 따라
운전해봐야 하는 이유

사람들은 왜 옷이나 액세서리를 살 때 상표만 보고 많은 돈을 기꺼이 지불하는 걸까? 이 질문에 대해서는 그 어떤 패션 비평가보다도 20세기의 프랑스 예술가 마르셀 뒤샹이 더 그럴싸한 시사점을 보여준다. 1917년, 뒤샹은 뒤집힌 변기의 측면에 'R. Mutt'라는 서명을 휘갈겨 쓴 <샘(Fountain)>이란 제목의 작품을 전시회에 출품해 유명세를 떨쳤다. 일단 예술이라는 이름표를 붙이기만 하면 변기도 예술이 '된다'고 믿은 것이다. 당시 전시회 큐레이터들은 <샘>을 즉각 거부했지만, 우리가 물건의 용도보다 주로 그 상표에 가치를 매긴다는 뒤샹의 이론은 유명해졌다.

나는 한때 코네티컷의 옛 공업지대인 노거턱 밸리의 역사적인 건물을 조사하면서 풍경의 속사정을 '읽는' 훈련을 하게 되었다. 노거턱 밸리는 한때 강물의 수력으로 공장을 돌려 구리를 만들고 '노거하이드(naugahyde)'라는 인조 가죽을 생산하는 공장들이 있던 곳이다. 나는 여름 내내 이 계곡 마을을 걸었고, 블록들을 지나치면서 각 건물의 독특한 측면을 기록했으며, 그 양식을 분류하고 이를 토대로 완공년도를 추측했다. 나는 부자들의 집이 어디에 있는지, 공장 건물이 어디에 있었는지, 상가가 어떻게 이어지는지, 도시 격자와 건물의 향이 시간에 따라 어떻게 변하는지에 주목했다. 여름이 끝날 무렵에는 완공된 지 5년이 안 된 건물의 완공년도를 파악할 수 있는 수준이 되었다.

그러다 신시내티에 정착했을 때는, 내가 구할 수 있는 가장 싼 차를 구매해 주말 내내 도시 격자를 따라 운전하고 다녔다. 내가 생활한 그 도시는 중서부에 있는 대부분의 도시와는 다른 곳이었다. 오하이오 강변에 교역 시장 겸 상품 유통 거점으로 세워진 이곳은 원주민들이 곧잘 로마의 일곱 언덕*처럼 생각하지만 실제로는 해빙기에 녹아 형성된 빙퇴석 분지 안에 자리 잡은 곳이었다. 즉 빙하가 땅을 긁고 북쪽으로 이동한 뒤에 남은 잔해가 현재 중서부의 특징이 된 평탄한 풍경을 형성한 것이다. 그렇게 이 장소는 분리되었고, 초점이 내부로 향하는 강의 도시가 되었다.

고대 로마 도시의 발원지로 알려진 일곱 개의 언덕으로, 이곳을 중심으로 도시가 성장하고 시장이 발달했다. 서쪽의 티베르강을 끼고 동쪽에 분포하는 일곱 언덕의 형태가 남쪽의 오하이오강을 끼고 북쪽에 분포하는 신시내티의 언덕 지형과 얼핏 닮은 모습이다.

나는 이 작은 분지를 떠나 지질학적이고 기후학적인 사건들이 남겨놓은 오래된 계단식 지형을 따라 거의 느껴질까 말까 한 경사의 고속도로를 오르곤 했다. 그러고는 격자 가로망을 대각으로 관통하는 대형 도로 하나를 통과했고, 이어서 토머스 제퍼슨 전 대통령과 그의 측량사들이 미국 민주주의의 배경으로 꿈꿨던 풍경에 자리 잡은 여러 타운과 마을 중 한 곳으로 들어갔다.

요즘 우리가 말하는 소위 제퍼슨식 격자라고 하는 것은 한 변 길이가 1마일(약 1.6킬로미터)인 정사각형 모양의 여러 구획(section)으로 구성된다. 이 개념은 미국 초기 개척민들에게 농장 필지를 할당함으로써, 빈 땅 위에 농업 문명을 함께 일군다는 생각을 전파하려던 것이었다. (물론 그곳은 알려지지 않은 토착 원주민 부족이 살고 있었단 점에서 빈 땅이 아니었고, 원주민 부족은 그 과정에서 곧 추방되었다.) 제퍼슨은 도로의 교차점에 마을이 형성될 거라 보았고, 학교와 법정 같은 공적 기능의 건물에 쓸 필지를 따로 마련했다.

실제로 그렇게 마을이 생겨났다. 격자 도로망이 불규칙적인 자연 지형과 만나는 곳, 예컨대 가로질러야만 하는 강이나 협곡, 땅 위로 솟아오른 언덕, 물 같은 천연자원이 있는 곳보다는 도로와 도로가 만나는 곳에 사람들이 자주 모였기 때문이다. 그 격자에서 영국의 하이스트리트와 유사한 상업 거리 하나가 뻗어나가 '중심가(메인스트리트)'라는 이름으로 불려졌다. 주요 교차로 하나는 법정이나 지방자치단체 청사 소재지가 되고, 그 주변에는 보통 공공 광장이 조성되었다. 그다음엔 그런 곳을 중심으로 대형 교회들이 지어졌다. 최상류층 부자들은 구할 수 있는 가장 높은 땅에 저택을 지었고, 물이 가까이 있거나 시내로 이어지는 곳에는 공장 건물이 개발되었다. 이런 초기 정착지의 특징들은 수십, 수백 년에 걸쳐 소도시에 스며들었고 이런 타운들은 격자를 따라 확산해갔다. 스페인 점령기에 '인도제국법(Law of the Indies)'에 따라 배치된 미국의 타운들이나 로마에서 기원한 아주 오래된 타운들처럼 미리 짜 맞춘 도시 형태가 아니라, 추상적 질서와 몇몇 특수한 조건들이 교차하는 지역에서 즉흥적으로 발전한 도시 형태를 지금도 많이 볼 수 있다. 게다가 그런 곳의 건물은 일단의 부재들을 조립해 지었다. 18세기 중반부터 '벌룬 프레임(balloon frame)'으로 알려진 경량 목구조 기법이 표준화되었는데, 이 기법은 가로 2인치(약 5센티미터), 세로 4인치(약 10센티미터), 높이 8피트(약 2.4미터)의 목재 '샛기둥(stud)'들을 가변적인 경량 구조로 조립하는 방식이다. 이 작업은 약간의 숙련 과정만 거치면 손쉽게 할 수 있으며, 전반적인 형태와 입면은 미국 동부 해안에서 입수한 패턴 북을 활용해 구성할 때가 많았다. 상업 건물은 지역의 벽돌을 활용해 표준 장식을 덧붙여서 짓고, 공업 건물은 시공할 때 가장 싸고 강한 재료로 지을 때가 많았다.

나는 자동차를 타고 다른 타운으로 이동하면서 거의 동일한 거리와 동일한 모퉁이, 동일한 집을 계속 보았다. 그럼에도 그 모든 것에 차이가 있었고, 저마다 고유의 교차점을 나타내고 있었으며, 지난 수년간 사용되면서 변화를 겪은 상태였다. 사실 어떤 타운도 동일하지 않았고, 어떤 순간이나 공간도 정확히 닮지 않았다. 모두가 어떤 취락 패턴의 일부였고, 미국인의 일상생활이 진화해온 방식을 물리적으로 구현하고 있었다.

이렇게 닫혀 있으면서도 유연한 시스템이 출현한 건 기술 때문이었다. 애초에 규모가 가장 큰 건물은 땅의 생산물을 완제품으로 변형하는 용도로 지은 공장이나 방앗간이었다. 그다음에는 타운의 격자를 분할하며 신시내티와 (나중에는) 시카고 같은 대도시로 이어지는 철도들이 출현했다. 타운을 대각선으로 가로지르는 철도를 따라 늘어선 곡물창고들은 타운에서 가장 높은 건물이었다. 곡물창고는 색다르고 추상적이며 무언가 보관되고 변형된 건물임을 선언적으로 알리고 있었다. 내가 대학생 때 가장 좋아했던 스승인 건축역사가 빈센트 스컬리는 언젠가 수업시간에 샤르트르 대성당을 곡물창고와 비교해서 보여준 적이 있다. 이제 나는 그 의도가 무엇이었는지 정확히 알게 되었다. 대성당이든 곡물창고든 땅의 생산물을 변형하고 보관하는 구조물로서 인간과 자연이 함께 만든 풍경을 배경으로 솟아올랐다는 것이다.

하지만 그 이후에 발달한 기술에서는 그런 영웅적인 느낌이 줄어들었다. 이제 고속도로는 타운을 완전히 우회하고, 공장은 이름 모를 헛간처럼 되었으며, 학교와 상업 건물은 변두리로 이동해 길게 늘어선 상가를 따라 배치되었다. 그렇게 공간이 소멸되고 격자의 존재감이 사라졌다. 오하이오나 인디애나 또는 일리노이의 작은 타운을 찾는 건 일종의 고고학적 경험이다. 길게 늘어선 상가와 맥도날드 체인점, 변방의 막다른 동네부터 시작해 역사의 다양한 층위를 거쳐 핵심부에 도달해도 그 핵심은 종종 텅 비고 버려져 있다. 아마도 미래의 폐허라 할 법한 그곳은 인간이 과거에 스스로 살 장소를 만들어내던 어떤 특수한 방식을 증언한다.

이런 풍경을 읽으면서 나는 시간과 정치, 일상적 삶과 장소 만들기를 이해하게 되었다. 내가 발견한 아름다움은 향수를 자극하고 어쩌면 지어낸 것일 수도 있지만, 나는 그런 아름다움을 보면서 공동체를 건설하는 단순한 활동을 사랑하게 되었다.

풍경을 따라 운전하거나 자전거를 타거나 걸어 다녀봐야 하는 이유 중 하나는 그렇게 움직일 때 시간과 공간 속에 켜켜이 누적된 풍경의 리듬과 패턴이 그 속내를 드러내기 때문이다. 어떤 곳을 제대로 알려면 이리저리 돌아다니며 다양한 양상을 눈높이에서 분석해봐야 한다. 이는 새로운 인식방법으로, 읽기와 그리기를 통한 추상적 분석을 함께 곁들일 수도 있다. 이런 식으로 장소를 인식하면 건축의 다층적인 흔적을 읽어낼 수 있으며, 내가 떠올리기 좋아하는 장소를 그곳에 고유한 건축으로 해석하고 다시 상상해볼 수도 있다.

2001년, 나는 네 살부터 열여섯 살 때까지 살았던 네덜란드를 다시 찾았다. 네덜란드를 재발견하게 된 것도 기뻤지만, 기차에 올라타 네 시간 후에 파리에 도착하거나 비행기를 타고 런던에 가서 점심을 먹고 저녁에는 제 시간에 집에 와서 식사할 수 있다는 게 즐거웠다. 하지만 정말로 나를 흥분시킨 것은 예전에 가볼 수 없었던 동유럽을 방문할 수 있게 되었다는 점이었다. 그렇게 발견한 동유럽은 신세계나 다름없었다. 나의 유년기 때까지만 해도 동유럽은 철의 장막 뒤에 가려져 있었고, 파시즘 독재정권 치하의 그리스와 스페인처럼 입국이 제한된 지역이었다.

동유럽을 처음 방문했을 때에도 나는 일종의 패턴을 발견─아마도 상상─했다. 제일 먼저 프라하에서 발견했고,

슬로베니아의 류블랴나에서도 폴란드의 오래된 타운에서도 동일한 패턴을 보았다. 심지어 오스트리아 잘츠부르크의 옛 타운에서도 그 질서를 발견했다. 내가 주목한 건 이런 도시들이 높은 바위나 벼랑 밑을 흐르는 강의 물굽이에 세워졌다는 사실이었다. 그곳에는 원래 성채가 있었다. 프라하에서는 그 성채가 궁전이 되었다가 나중에 대통령 관저가 되었고, 부다페스트에서는 문화복합시설이 되었다. 암벽이나 벼랑 밑에 자리 잡은 옛 타운은 수많은 길로 엮여 있는데, 강에서 뭍으로 연결되는 지점이 암벽으로 접근하는 지점까지, 처음 등장하는 우물부터 성당 또는 교회까지, 암벽 주변 길과 그 너머의 농지까지 이어진다. 이런 길들은 인간과 자연 환경 사이의 복잡한 관계를 반영한다.

강을 건너면 사정이 달라진다. 대개 합스부르크나 프러시아, 러시아의 통치하에 자리 잡은 이 취락들(프라하와 부다페스트의 뉴타운)은 격자 체계로 계획되었는데, 이는 외부 통치자 한 사람이 일거에 계획했음을 반영하는 증거다. 프라하의 카렐교 같은 다리는 강둑에 있는 작은 광장으로 이어지고, 거기서 출발하는 축선들은 공공 광장들을 서로 잇는다. (프라하의 경우는 약간 다른데, 축선 위에 이미 취락이 자리 잡은 상황에서 격자 패턴이 비뚤어진 미완의 상태가 되었기 때문이다.) 주요 광장 주변에는 이런 도시들이 동화된 제국의 문화를 상징하고 심화하는 건물들, 예컨대 극장과 오페라극장, 콘서트홀, 대학교, 박물관, 의회, 통치자의 궁전 등이 있다. 모두 보편적인 건축 언어에 따라 설계되었으며, 대개 기둥과 박공벽, 웅장한 계단, 중앙과 측면의 파빌리온을 갖췄다. 또한 위대한 정치가부터 지역 작곡가에 이르기까지 각 인물들의 중요성을 장식적으로 알리는 바로크식 신고전주의를 따랐다. 한편 신도심의 중심부는 1층에 소매점과 음식

점이 있는 꽤 획일적인 아파트 블록으로 구성되는데, 이런 건물은 나중에 사무소 건물로 용도가 변경되거나 대체되는 경우가 많다.

이렇게 17세기부터 19세기까지 형성된 도시의 외곽에는 대개 공원이 있어서 문화적인 기념 목적이나 동물원 같은 기분 전환 용도로 쓰이곤 한다. 이들 공원은 교외에 우후죽순 생겨나는 빈민 거주지 사이에서 완충지대가 되었으며, 도시 주민들에게 잘 재단된 자연을 제공했다. 자연을 비롯해 모든 게 통제되었고, 모든 게 한 작품의 일부였으며, 모든 게 현장이 아닌 궁정에서 개발한 표준을 따르는 분위기와 생활 리듬을 만들어냈다.

그 이후 신도심에서 공원까지 관통하는 대로는 더 폭넓게 멀리까지 확장되었다. 이와 같은 시도는 제1차 세계대전 이후에는 드물었으나 소련 점령기에는 더 자주 일어났다. 공원 반대쪽 끝에는 새로운 경기장과 대규모 문화센터가 들어섰다. 건물의 형태는 추상적이었지만 때로는 영웅적인 노동자들을 새긴 조각을 더해 노동자들이 따라야 할 이상을 구체적으로 연상시키기도 했다. 당시 동구권의 건축물들은 중력에 저항하고, 제국주의자들이 확립한 규범을 부정하려 했다. 하지만 그 결과로 등장한 것은 시민들을 새로운 사회를 건설할 프롤레타리아의 일원으로 변화시킬 일종의 기계장치였다.

그때부터 시골에는 공동주택이 블록 단위로 반복되며 지어졌다. 종종 동독에서 개발한 플라텐바우(plattenbau) 시스템을 활용한 이 공동주택은 콘크리트 바닥판이 동일하게 반복되고 내부의 모든 주거가 똑같은 유형이다. 이런 주택은 격자 가로망과 자연 지형을 모두 거스르며 비스듬하게 배치되었다. 거리감이나 태도 면에서 성채와 강 사이에 옹기종기 터를 잡은 구도심의 유형과는 너무도 다른 신세계였다.

도시의 패턴을 찾을 수 있는 곳

최근에는 이러한 과정에 새로운 변화가 일어나면서, 본래의 맥락이 확산되고 추상화되며 성장하고 있다. 소련 시대에 형성된 도시 구역의 일부를 철거한 곳에 쇼핑몰이나 고급주거가 들어섰고, 이 구역을 넘어 무분별한 도시 확산이 일어나고 있으며, 이런 사정은 유럽이나 그 밖의 다른 지역에서도 대동소이하다. 이로 인해 질서와 규모가 흐트러졌고, 명료성이 사라졌으며, 방향을 제시하는 거라곤 뭘 살지 또는 어디로 갈지를 말해주는 표식들뿐이다. 우리는 이런 곳을 자동차로 가로지르고 이런 곳에서 늘 세계의 체제와 접속한다. 이 같은 도시 체계가 어디에서 기원했는지는 더 이상 중요하지 않다. 그건 그저 도시 자체에 대한 기억으로만, 관광 명소로만 남아 있을 뿐이다.

미국 중서부의 작은 도시든 동유럽의 큰 도시든, 도시를 관찰해보면 역사적 교훈을 얻을 수가 있다. 그 도시의 풍경이 원래 어땠는지, 그 풍경의 특징에 사람들이 어떻게 반응했는지 더 잘 이해할 수 있다. 권력과 돈이 어디에 있었는지, 질서와 공동의 문화가 어떻게 발생하거나 강제되었는지도 이해할 수 있다. 또한 전 세계 통신과 무역망의 도움으로 연명해온 이 특수한 일련의 개발방식이 어떻게 점점 더 이해하기 어려운 형태로 악화되며 보편화해왔는지도 알 수 있다.

나는 오래전부터 건축이 단지 건물을 이해하고 만들어내는 도구가 아니라고 믿어왔다. 건축은 세계에 대한 선조들의 해석이 물리적으로 구현된 결과물을 통해 우리가 세계를 이해하고 인식하는 하나의 방식이다. 건물은 인공물이며, 특히 다른 건물이나 자연 풍경과 긴밀히 관계 맺는 건물이라면 더욱 그렇다. 이런 인공물을 충분히 잘 관찰한다면 문학이나 철학, 회화, 역사와 마찬가지로 우리 문화를 좀 더 깊게 이해할 수 있을 것이다.

우리가 창조한 인공물을 제대로 인식한다면 정말 필요한 일을 할 수 있는 힘을 갖게 된다. 우리가 물려받은 세상을 바꿀 힘 말이다.

도시의 패턴을 찾을 수 있는 곳

22

세상을 바꾸려면 어디서부터 시작해야 할까? 가장 이해하기 어려운 풍경에서 시작해야 할 것이다. 제2차 세계대전이 끝나고 세계의 주요 대도시에서는 조잡한 집들이 확산되었다. 이런 양상은 지리적 특성에 상관없이 일어났다. 비록 유럽이나 아시아에 비해 미국에서 좀 다른 양상이 나타나긴 했지만 그 원칙은 동일했다. 개발업자들은 땅을 사서 기존에 있던 모든 걸 밀어내며 평지를 만들었고, 엇비슷한 집들을 세웠다. 집들은 가능한 한 싸고 점점 더 크게 지어졌지만 품질이 더 좋아지진 않았다. 이런 집이 기능적일 수 있었던 것은 대개 에어컨을 비롯한 여타 기술 덕분이었다. 결국 이런 집의 배치를 결정하는 기준도 더 큰 가능성을 제공하는 격자 체계나 땅과의 관계가 아니라, 사람들에게 안전하면서도 자유롭게 느껴지는 내향적인 건물군을 만들어내는 데에 있다.

이런 개발단지 주변에는 유사한 군락이 성장한다. 사무소 건물과 물류 창고, 수천 평의 주차공간을 갖춘 쇼핑몰, 길거리를 따라 길게 배치된 노천 쇼핑몰 등. 심지어 시민 행정을 위한 기념비적 건물마저도 익명의 상업 건물처럼 보이며, 학교는 대개 창이 없는 벙커처럼 보인다. 오늘날 적어도 미국에서, 외관상 그 특색이 드러날 만큼 생기가 돌거나 특별한 재치가 느껴지는 건물은 대개 병원밖에 없다. 심지어 병원조차 그 내부는 비슷해 보이긴 하지만 말이다. 나는 그 이유가 병원이 돈이 많아서라고 본다.

교외와 준교외 지역에 나가보면 길을 잃고 헤매기 일쑤다. 어딘가에 와 있지만 그곳이 어딘지 알 수가 없다. 심지어 쓰인 자재와 색조차도 동일하다. 영국에서는 저렴한 벽돌이, 미국에서는 치장벽토를 대신해 쓴 드라이비트(Dryvit)라는 재료가 똑같이 반복된다. 평범한 미국 교외 건물들의 색견본을 추출해보면 갈색과 회색 사이만을 미묘하게 오갈 것이다. 유일하게 두드러지는 간판들은 상업이야말로 가장 중요하다고 외치는 것만 같다.

이런 조잡한 양상의 바탕에는 심각한 문제가 자리하고 있다. 개발은 땅을 파괴하며 천연자원을 엄청난 규모로 낭비한다. 단지 건설할 때만 그런 것이 아니다. 이 개발구역을 중심으로 우리가 매일 자동차를 타고 출퇴근하기 때문이다. 그뿐만이 아니다. 사람들을 서로 분리시킨다. 우리는 일터나 집 같은 자기의 작은 보금자리에 들어앉아 인터넷에 접속하고, 볼일을 보거나 자녀들의 놀이 약속이나 운동 일정이 있을 때만 만난다.

하지만 이런 확산 현상은 사라지지 않을 것이다. 그러므로 이를 잘 이해하고 상황을 개선할 방법을 찾아야 한다. 내가 아는 한 그 방법을 파악한 사람은 아직껏 없다. 오래전 미시건 대학교에서 설계 스튜디오 하나를 맡아 지도할 때, 당시 대학원생들에게 디트로이트의 외딴 준교외 지역에 1제곱마일(78만여 평) 규모의 도시 확산 패턴을 설계해보라고 한 적이 있다. 하지만 그 스튜디오는 내 경력을 통틀어 최악의 실패를 남긴 스튜디오로 남았다.

나는 도시 확산 현상에 끌린다. 그게 싫으면서도 이해하고 싶고, 대처하는 법을 알아내고 싶다. 물론 이것은 건축 분야 전체의 주요 과제이기도 하다.

23

도시 확산 현상에서 환경 개선에 도움이 될 기초 요소들을 발견할 수도 있다. 그런 요소를 찾으려면 목적 없이 멀리 여행을 떠나봐야 한다. 인간의 거주지가 시골까지 확산되고 있기 때문이다. 다행히도 나는 이런 현상을 탐구하길 참으로 좋아한다.

어떤 사람들에게 휴가란 해변이나 호수에 가서 뭔가를 하는 것을 뜻한다. 뭘 한다고 딱 꼬집어 얘기할 순 없지만 말이다. 나도 그런 휴가를 몇 번 시도해봤는데, 책을 읽거나 글을 쓰면서 기분 전환을 했다. 하지만 정말 좋아하는 휴가는 비행기나 자동차, 기차, 버스 따위를 타고 여행을 떠나 풍경을 읽는 시간이다. 여느 여행자와 마찬가지로 나도 랜드마크를 찾아가지만 그에 못지않게 중요한 것은 랜드마크에 도착하기까지의 여정이다. 늘 빠른 변화가 일어나는 나라인 미국에서는 문학이나 영화뿐만 아니라 수많은 모텔과 레스토랑, 여행용품 등에서도 그 쉴 새 없는 움직임의 흔적이 보인다. 역사적인 풍경이 집약적으로 중첩되어 있는 유럽에서는 길가의 정류장에서도 네다섯 겹의 문화적 흔적을 찾아볼 수가 있다. 아시아에서는 옛 순례길과 제국시대 도로의 유적을 추적할 수 있다.

나는 다른 사람들이 그 중요성을 잘 인식하지 못할 법한 곳을 찾아간다. 한번은 미국 중서부의 여러 지역에서 주로 고등학교가 도심에 출현한 최초의 모더니즘 건물이었음을 알게 되었다. 이들은 대개 교외 언덕 위에 위치하며 유리창과 금속 창틀을 설치한 한두 층짜리 벽돌 건물로 지어졌다. 장식은 거의 없고 수평적인 비례가 강조되었으며 교실에는 빛과 공기가 가득했다. 오래된 건물들이 흔히 그렇듯 학생들을 압도하는 느낌도 없었다. 부속동이 본관 후면에 붙거나 바람개비 모양으로 둘러싸 내부에 있으면서도 외부로 열린 중정이 만들어진다. 금속 장대로 지지되는 캐노피가 주요부를 연결한다. 주 출입구 뒤에 행정동이 배치되지만 전체적인 형태에서 큰 비중을 차지하는 건 강당을 겸하는 체육관이다. 알고 보니 이는 시카고에 소재한 퍼킨스 앤 윌스(Perkins & Wills)라는 건축사무소가 많이 설계한 유형으로, 이미 전국에 상당수 퍼져 있었다. 유년시절에 이런 학교를 다닌 세대들에겐 이것이 대도시에서만 볼 수 있는 신세계를 의미했다. 이런 구조물에는 단순한 유형과 추상적 형태의 유희에서 나오는 특유의 낙관주의가 있다.

이 유형은 미국 50개 주에 있는 의회의사당의 장식적인 구조와 대비된다. (나는 그중 절반을 조금 넘게 가보았는데 네브래스카주 링컨시의 의회의사당은 약간 예외에 속한다.) 주의회의사당들은 거의 하나씩 걸러서 동일한 요소가 존재한다. 중앙의 둥근 돔이나 큐폴라*는 민주주의를 나타내고, 측면의 날개 부분에는 주 의회의 다양한 회의실과 법정이 있으며, 위아래를 포함한 사방에는 의례 공간을 중심으로 관료들의 방이 켜켜이 위치해 블록을 형성한다. 건물은 대개 언덕 위에 있어 웅

'돔(dome)'은 집을 뜻하는 라틴어 '도무스(domus)'에서 유래한 용어로, 건축물 상부에 씌우는 반구형 천장 구조물을 뜻한다. '큐폴라(cupola)'는 컵을 뜻하는 라틴어 '쿠파(cupa)'에서 온 말로서 돔 위에 올리는 망루형 구조물을 지칭하며, 사전에서는 '작은 돔'으로 정의한다.

내가 여행을 떠나는 이유

장한 계단을 올라 진입해야 한다. 나는 이 유형에 속하면서도 다소 밋밋하고 재미없는 편인 콜로라도 주의회의사당에서 위스콘신주 매디슨시에 있는 장식적인 주의회의사당으로 옮겨 가는 여정을 아주 좋아한다. 위스콘신 주의회의사당은 교통이 그 주변으로 돌면서 모든 주에서 모아 온 석재들과 자연스럽게 어우러지는데, 통로와 발코니에서 그걸 확인할 수 있다.

나는 미국 중서부에 지어진 모더니즘 양식의 은행을 보러 가는 것도 좋아하는데, 이것은 좀 더 작은 규모의 건물에 대한 관심 때문이다. 여기서 흥미로운 것은 신고전주의 건물이 새 건물로 대체되는 과정에서 자동차를 수용하기 위해 위치를 길모퉁이로 옮겼고, 모서리와 유리창으로 건물을 분절했다는 점이다. 동유럽에서는 베를린, 빈, 파리에서 유학한 뒤 돌아온 모더니즘 건축가가 소도시마다 한두 명씩 있었고, 그들은 양차대전 사이에 진보적인 부유층을 위해 흰 벽체와 모서리 창을 둔 주택을 설계했다. 반면에 중국에서는 학생들에게 기본 주거 블록에 대한 변이가 얼마나 존재하는지 조사하게 했더니, 홍콩부터 베이징까지 거의 모든 아파트 건물 단지가 단 여섯 가지 유형으로만 지어졌다는 결과가 나왔다.

일상생활을 형성하는 패턴과 형태와 리듬을 찾아보면 경제와 국가의 힘이 어떻게 작동하는지, 상업과 권력이 어떻게 확산되어 공동체 속에 뿌리박고 매일 우리가 체험하는 현실이 되는지를 이해할 수 있다.

건축은 더 이상 기념비에 초점을 맞추지 않으며, 삶을 중시하면서 모두를 위해 공간과 권력과 역할을 할당하는 접속점(node)으로 전환하고 있다.

24

여전히 유효한
그리스인들의 교훈

풍경 속에 개별 건물들을 배치하는 힘, 그리고 풍경과 관계 맺는 접속점으로 개발되는 장소의 매력은 모두 고대에서 그 유래를 찾아볼 수 있다. 지난여름, 나는 적어도 서유럽 문화 권에 살거나 그 영향을 받은 사람들에게 중요한 기원이 되는 고대 역사의 현장을 다시 방문했다. 고등학생 때도 그리스로 배낭여행을 떠나 고대의 기념비들을 답사한 적이 있는데, 그 때는 건물(또는 이 경우엔 건물의 유적)을 대지와의 관계 속 에서 보는 법을 배우지 못한 터라 방문지들에 대해 거의 이해 하지 못했었다. 그 모든 게 어떻게 시작되었는지 보기 위해 아테네와 델포이, 올림피아, 에피다우로스, 미케네, 코린토 스, 그리고 그 사이의 몇 군데를 다시 찾았다.

> 여행 중에는 빈센트 스컬리의 첫 저서인『땅, 신전, 신(The Earth, the Temple, and the Gods)』의 전자책을 소지하고 다녔 다. 학부생 때 읽은 책이지만 이번에 다시 일부를 숙독하면서 관련된 장소들을 이해하고자 했고, 고대 그리스인들이 그곳 에서 뭘 간파했었는지 이해하고자 했다.

스컬리는 우리가 고전기 그리스로 여기는 문화가 그리스 본 토에서, 즉 펠로폰네소스부터 아테네 북쪽에 이르기까지 단 여섯 군데의 계곡에서만 발달했다고 말한다. 이런 공간들은 규모와 성격 면에서 모두 놀랍도록 비슷하다. 농업 문화를 기 반으로 하고 꽤 큰 규모의 공동체를 수용할 만큼 크며, 바다와 주변 산들이 보이는 곳들이다. 산은 길게 산맥을 형성하거나 아테네의 아크로폴리스와 같은 고지대의 고립 구역으로 이어진다. 여기에 종교와 정치를 위한 건물이 세워졌고 이런 건물은 오늘날에도 여전히 경외의 대상으로 존재한다.

가장 놀라운 건 이런 건물이 환경과 관계를 맺는 방식이다. 건물은 자신이 서 있는 계곡을 내려다볼 뿐만 아니라, 가려진 뒤편이나 주변의 산맥에도 응답한다. 스컬리는 초기의 여러 신전과 의례 장소가 토신의 젖무덤이나 천신의 뿔을 나타내는 두 산 (또는 언덕) 사이의 공간에 정렬되었다는 이론을 펼쳤다. (그의 훨씬 복잡한 논점들은 여기서 언급하지 않겠다.) 그러한 최초의 정렬 이후에 지어진 부속 신전들은 최초 건물과 각을 이루도록 비스듬하게 놓이면서 주변 풍경의 리듬을 신전들이 서 있는 대지로 내려보내는 역동적인 공간을 형성했고, 이로써 건물들이 단지 정면이나 측면 따위의 입면으로 이해되기보다 독립적으로 경험할 수 있는 대상이 되었다는 것이다.

나는 곳곳에서 이 논리가 들어맞는 걸 보았다. 그런 건물이 주변 환경을 압도하거나 대체하면서 특정한 자연조건에 접속하는 방식도 보았다. 델포이의 아폴론 신전 밑에 있는 동굴에서는 (오늘날의 이론에 따르면) 산에서 나오는 가스가 누출되어 델포이의 신탁을 공표하는 예언자를 취하게 했다. 한편 에피다우로스에 있는 그와 비슷한 장소에서는 아픈 사람들을 둥근 천장의 어두운 지하실에서 숙면시켰다 깨우는 식으로 치유했다. 두 곳 어디에서든 경사면은 경기나 연극을 상연할 수 있는 원형무대와 극장으로 재정비되었고, 그렇게 우리가 통제할 수 없는 자연이나 신의 추상적인 놀이(play)가 인간적인 놀이로 변형되어 상연될 수 있었다.

현재 남은 건 오로지 이들 건물의 폐허뿐이지만, 얼마 남지 않은 유적들을 통해 이와 같은 기초적이고 근본적인 건축을 이해할 수 있다. 모든 문화권에는 그 근원이 있게 마련인데 유럽에서는 모든 게 그리스에서 시작되었다.

25

(땅 위가 아니라) 땅과 함께 건축해야 하는 이유

기본으로 돌아가는 여행을 하다 보면, 자체적인 위용을 뽐내며 서 있는 건물들 앞에서 경이감을 느낄 때가 있다. 하지만 건축은 그저 개별적인 피난처를 만드는 과정만이 아니다. 건축은 풍경에 흔적을 내고 풍경을 인식하며 그 속에 깊숙이 스며드는 과정이기도 하다. 우리는 과거에 그런 건축이 어떻게 행해졌고 어떻게 다시 그런 건축을 할 수 있을지 파악해야 한다.

유럽인들은 스톤헨지 같은 곳들을 만들어냈다. 미 대륙의 고대 아나사지족은 메사 베르데(Mesa Verde)*와 캐니언 드 셰이(Canyon de Chelly)*, 차코 캐니언(Chaco Canyon)*을 비롯한 주거를 건설했고, 호피족은 타오스 푸에블로(Taos Pueblo)*를 건설했으며, 포트 에인션트(Fort Ancient) 문화는 오하이오주에 그레이트 서펜트 마운드(Great Serpent Mound)*를 건설했다. 각각의 문화들이 저마다 풍경과 문화를 결합한 방식은 나중에 정착한 서양

메사 베르데: 콜로라도주에 위치한 미국 최초의 국립공원. Mesa Verde는 스페인어로 '녹색 탁상대지(green table)'라는 뜻이다.

캐니언 드 셰이: 애리조나주에 있는 준 국립공원. de Chelly는 '협곡(canyon)'을 뜻하는 나바호족의 말에서 유래한 것으로, 스페인어를 거쳐 불어식 발음으로 영어에 포함되었다.

차코 캐니언: 뉴멕시코주 서북부의 국립공원. 1987년에 유네스코 세계문화유산으로 지정되었다.

타오스 푸에블로: 타오스어를 사용하던 푸에블로족의 집단 부락. 뉴멕시코주의 타오스 카운티에 위치하며, 1992년에 유네스코 세계문화유산으로 지정되었다.

그레이트 서펜트 마운드: 뱀(serpent)이 몸부림치는 형상이라고 해서 붙은 이름이다.

인들이 격자 도로망을 깔고 그 위에 고립된 집을 배치한 방식과 대조를 이룬다.

그중에서도 순수하게 의례적인 곳은 그레이트 서펜트 마운드가 유일하다. 그곳의 환경은 놀랍다. 가장 높은 곳에 서면 사방으로 아득하게 정렬하는 균일한 언덕들을 볼 수 있다. 이 일대의 어딘가에 유성이 떨어진 적이 있는데, 그 거대한 분지의 한복판에 그레이트 서펜트 마운드가 위치한다. 그곳에 있노라면 환경과 건축이 사방에서 에워싸기 때문에 마치 세계의 한복판에 있는 듯한 기분이 든다. 나는 주위를 둘러보면서 자꾸 문화적 혼란을 느꼈다. 여긴 에덴동산과 닮았다. 저 뱀의 형상은 틀림없이 이브에게 선악과를 줘서 우리가 영원히 방황하게 만든 그 뱀이 아니겠는가? 물론 그렇지 않다는 걸 나도 안다. 하지만 이렇게 시원적으로 땅과 접속하는 느낌, 땅에 흔적을 남기며 출현하되 그 땅과 거의 구분할 수도 없는 형태로 접속하는 느낌이 바로 그런 연상을 불러일으킨다.

유럽 이주민들이 도착하기 훨씬 전에 북미 원주민들이 만든 다른 타운들 역시 땅과 매우 특수한 관계를 맺고 있다. 타오스 푸에블로를 제외한 모든 북미 인디언들의 주거지는 땅의 일부로서 등고선을 그대로 따라 건설되었다. 메사 베르데는 절벽으로 에워싸인 곳에 건설되었고, 차코 캐니언은 뒤편의 협곡 벽이 그리는 곡선을 따라 줄줄이 반원형 주거가 지어져 있다. 이런 건축은 땅 위에 짓는 게 아니라 땅과 함께 짓는다. 자연환경을 인간 취락의 질서와 리듬으로 정교히 발전시키면서 말이다.

타오스 푸에블로는 하나의 물줄기를 중심으로 두 군데의 인공 흙무더기 마을로 구성된다. 이런 곳을 보면서 그리스 신전 연구를 이어간 스컬리는 두 취락이 작은 물줄기가 흘러나오는 상그레 데 크리스토 산맥의 두 산봉우리를 모방했다고 주장했다.

이런 모든 마을은—우리가 알고 있는 터키와 인더스 계곡 그리고 중국 최초의 공동주거처럼—하나의 집단적인 구조다. 집은 서로의 위에 지어지며, 사람들은 별개의 거리를 지나다니는 게 아니라 공동의 안뜰과 지붕 위를 지나다니며 이동한다. 여기서 우리는 건축에 관한 중요한 사실 하나를 깨닫게 된다. 더 이상 휴대용 막사로 집을 짓는 게 아니라면, 건축은 정착하는 대지와 직접 관계를 맺는 공유 가능한 구조로 바뀐다는 사실 말이다. 나는 인간의 최초 거주가 풍경 속에서, 풍경에 대한 반응으로서 일어났다는 사실을 우리가 늘 명심해야 한다고 생각한다. 그러니까 풍경에 대한 두 가지 반응이 가능한 셈이다. 공동의 수렵·채집으로 얻은 자연의 재료를 엮어 임시 주거를 만들었다가 쓰지 않을 땐 휴대하거나 해체해서 땅으로 되돌려놓든지, 아니면 오로지 한 집단 문화의 일원으로서 풍경을 따르고 추적하고 표시하고 측정하면서 그 장소에 직접 접속하든지 말이다.

이런 모델은 서양 정착민들이 그토록 철저히 무시한 모델이란 점에서도 매우 중요하다. 또 다른 예리한 조경 비평가인 존 브링커호프 잭슨도 지적했듯이, 전형적인 미국식 주택은 풍경에 맞선다. 인간이 만든 질서와 직결된 자폐적인 수직 구조를 내세우면서 말이다. 미국 중서부에서는 제퍼슨식 격자를 따라 필지마다 고립된 농장주택이 생겨나며, 이런 주택은 자연의 어떠한 지형변화에도 개의치 않고 거의 일탈하지 않는 질서정연한 도로를 향해 배치된다. 나중에는 기술의 발달로 이런 격자에 전기선과 급수관이 놓이면서, 고립되었던 각 건물은 지평선 저 너머까지 이어질 것만 같은 전체적인 체계와 연결되기에 이르렀다.

이미 언급했듯이, 집 자체는 보편적이고 표준화된 요소들로 구성된다. 가장 굳건한 요소는 대개 굴뚝이었다. 굴뚝은 이

고립된 쉼터에 가족을 집결시키면서 한 공동체의 단편이 지닌 존재감을 외부 세계에 공공연히 선언하는 수직 요소였다. 그런 집은 싸고 바꾸기도 쉬우며 버리기도 쉽다. 실제로 정착민들이 서쪽으로 더 멀리 갈수록 종종 그런 일이 발생했다. 앞으로 미국인들이 이런 식으로 집을 지을 일은 많지 않겠지만(대부분의 교외 건물 구조는 아직도 2×4인치 각목을 표준으로 하고 있긴 하다), 이런 집은 가볍고 싼 고립된 건물로 땅을 점유하는 미국식 모델을 출현시켰다. 다른 집과 주변 풍경 모두에게 등을 돌려 내향적인 자세를 취하는 모델 말이다.

이런 구조에도 아름다움이 있겠지만, 건축의 목적은 늘 이웃 집과 풍경을 향해 열리는 데 있었다. 초기 벌룬 프레임 주택의 '막대 양식(stick style)'을 정교히 발전시킨 '너와 양식(shingle style)'은 지붕이 바닥의 땅을 그대로 따르면서 방들이 서로를 향해, 풍경을 향해 열린 너른 배치를 강조했다. 프랭크 로이드 라이트는 자신의 프레리학파 본거지에서 그런 양식을 정교히 발전시켰고, 그 이후로 수많은 건축가들이 미국 건축의 원죄를 속죄할 길을 찾고자 노력해왔다. 미국 건축은 독립과 경제라는 선악과를 따 먹은 후, 에덴동산에서 미끄러져 나와 인위적인 민주주의 실현을 약속하는 고립과 소외의 격자체계로 내려앉았기 때문이다.

대부분의 건물은 그저 땅 위에 앉혀진다. 하지만 땅과 함께 건축하면 훨씬 더 좋을 것이다. 풍경을 확장하고 강화하는 게 건물이라고 생각하는 건축가라면, 되도록 기존 환경에 해를 덜 입히는 방식으로 건물을 앉힐 것이다. 그러면 비와 눈과 열기도 더 쉽게 다룰 수 있다. 결국 땅과 함께 건축하기란 완성된 구조가 땅과 조화를 이루도록 건축함을 뜻한다.

내가 여태껏 방문한 이상적인 건물들은 스페인 그라나다에 있는 알람브라 궁전처럼 거주 기능을 겸한 틀을 갖춘 풍경이었다. 하지만 중정과 정원을 수용할 정도의 충분한 규모와 간결한 요건을 갖춘 건물은 많지가 않다. 그래서 우리는 많은 건물을 땅 위에 무턱대고 앉히고야 만다. 때로는 중정을 잘라내고 건물을 앉히기도 한다. 결국 주변 환경으로 시야를 개방하겠지만, 시공 단계에서는 늘 공유 장소의 일부를 제한된 사람만 쓸 수 있는 사적 공간으로 바꾸기도 한다. 그다음엔 대지를 가로지르거나 그 아래로 흐르던 물길, 담요처럼 덮인 눈, 그곳에 자라나던 잡초도 없앤다. 여기에다 별도의 배수로를 파거나 방어 장치를 마련하다 보니 더 많은 벽과 경계선이 생겨난다.

하지만 어떤 건축가들은 풍경과 구별되는 요소를 없애려고 노력한다. 가능한 한 많은 건물을 지하에 설계해 단열 효과를 높이기도 한다. 지붕을 정원으로 꾸미고 기존 대지를 개선할 뿐만 아니라 보강할 방법도 찾는다. 옹벽이나 집수정, 그늘진 잡목림이나 산책길 또는 바람을 막아줄 장소를 설계하면서 말이다. 어떤 경우에는 자연경관에 적극적으로 개입해 확장된 풍경을 제시하기도 한다.

건축가 안톤 프레덕은 그런 건물에 '마지루(摩地樓, landscraper)'*라는 이름을 붙였는데, 자신의 고향 뉴멕시코에 설계한 어느 문화센터를 묘사하기 위해서였다. 땅에서 가느다란 쐐기처럼 떠오르는 그 문화센터는 배경을 이루는 탁상대지와 능선에 대한 인간의 응답을 제시했다. 더 나아가 프레덕이 설계한 많은 건물은 이처럼 땅에서 출발해 들판과 언덕을 비롯한 주변의 여러 지질학적 특징을 추상적으로 펼쳐내는 능력을 보여줬다.

* '하늘을 긁는 건물'이란 뜻의 마천루(摩天樓, skyscraper) 대신 '땅을 긁는 건물'이라는 뜻

내가 가장 좋아하는 마지루 하나를 꼽자면, 모포시스 아키텍츠(Morphosis Architects)의 톰 메인이 설계해 2000년에 완공된 캘리포니아 포모나의 다이아몬드 랜치 고등학교를 들 수 있다. 이 거대한 고등학교는 일련의 접힌 능선들이 지붕을 구성하는 형태로 설계되었고, 그 지붕 밑에 교실을 비롯한 여러 용도의 공간이 자리 잡았다. 메인은 학교가 앉아 있는 언덕의 등고선을 분석해 디자인의 형상을 얻어냈다. 그는 그 힘찬 곡선들을 여러 개의 직선으로 분절하고 지붕 밑의 공간 용도에 맞춰 들어 올렸다 낮췄다 하는 작업을 순차적으로 진행했다. 그 형상은 학교 주변의 교외 주택들이 이루는 끝없는 스타카토 리듬을 연상시키는데, 그 리듬이 여기서는 기념비적인 규모로 부풀려졌다. 인공 풍경과 자연 풍경이 모두 분명하게 가시화되고 있어서, 학생들은 자기 위치를 분명히 자각하면서 머무를 수 있다. 이 모든 효과를 얻어내기 위해 메인은 여러

교실 건물 사이에 협곡 같은 공간들을 파내 열린 광장을 조성했다. 광장에서는 새로 조성된 이러한 풍경이 사방을 에워싼다. 우리는 장소 안에서 그것과 엮이지만 그 장소는 더 새롭고 더 큰 무언가가 되었다.

나는 최근에 중국 하이난 앞바다의 인공 섬에 지어질 한 신축 리조트의 설계경기 심사를 맡았다. 대지가 정말 터무니없는 곳이었는데, 개발업자가 바다 한복판에 만들어놓은 드넓은 모래섬이었고 본토와 다른 섬들과는 가느다란 다리로만 연결되어 있었다. 이 설계경기에 참여한 (톰 메인을 비롯한) 대부분의 건축가들은 어떤 장소에 갖다 놓아도 상관없을 다양한 타워와 블록을 설계했다. 디자인에 영향을 줄 만한 특수성을 대지에서 찾을 수 없었기 때문이다.

하지만 뉴욕의 건축사무소 딜러 스코피디오+렌프로(DS+R)가 제시한 설계안은 달랐다. 그들은 섬의 곡선 형상과 한쪽에 움푹 들어간 항구의 형상이 음양의 태극마크를 닮았다는 사실에 주목했다. 그래서 그것을 발전시키기로 했고, 수백만 제곱피트 규모에 이르는 하나의 곡선형 구조를 만들어 거의 모든 프로그램을 담아냈다. 처음엔 아주 낮게 시작했다가 점점 높아져서 나중엔 20층 높이에 이르게 되는 구조였다. 그들은 이 섬의 주된 특징을 포착해 시각화하고 그걸 3차원적 거주가 가능한 형태로 빚어내는 동시에 대지 외곽에는 습지대와 홍수림을 배치해 경계를 모호하게 만들었다.

발주자 측에서 '에코아일랜드'라고 이름 붙인 딜러 스코피디오+렌프로의 이 프로젝트 디자인은 한 모금의 신선한 공기처럼 느껴졌다. 아시아에서 너무도 자주 일어나는 거대 규모의 신규 토지 개발 방식이긴 했어도, 그런 장소들의 교묘한 착상과 잠재력을 모두 느낄 수 있는 설계안이었기 때문이다. 이 프로젝트는 절대 실현되지 못할 수도 있다. (발주자는 이 설계안이 몹시 이상하다고 생각했기 때문이다.) 하지만 나는 그들의 설계안이 더 많은 마지루에 영감을 주길 희망한다.

마지루(摩地樓)를 짓는 법

27

(이상적인) 공동체를
짓는 법

1932년에 프랭크 로이드 라이트는 자기만의 미국적인 에덴동산을 짓기로 했다. 그것은 건축에—또는 그보다 건축을 통한 미국의 재창조에—헌정될 예정이었다. 라이트 가족의 좌우명은 '세계에 맞선 진실(Truth Against the World)'이었고, 그는 자신의 건물이 그런 진실성을 구현한다고 느꼈다. 라이트는 그냥 건물을 설계한 게 아니라 관습적인 상자 형태를 타파했다(또는 그랬다고 자평했다). 그가 미국 가정에 바친 성스러운 전당들은 토머스 제퍼슨의 민주적 자연경관을 재탄생시키기 위한 기본 요소가 되었는데, 이를 가리켜 라이트는 '유소니아(Usonia)'*라고 불렀다. 그는 일을 시작하기 위해 우선 건축 스튜디오를 설립했는데, '탈리에신'이라 불리는 이곳은 세계에서 가장 성공적으로 오랫동안 지속해왔다. (현재* 나는 당시의 탈리에신을 이어받은 프랭크 로이드 라이트 탈리에신 건축학교[Frank Lloyd Wright School of Architecture at Taliesin]의 교장으로 재직 중이다.)

라이트가
1925년에 사용한 이 말은 원래 20세기 초 유럽에서 미국의 약칭인 USA를 당시 남아프리카공화국(Union of South Africa)의 약칭과 구분하기 위해 United States of North America의 약자인 USONA로 부르기 시작한 데서 유래를 찾을 수 있다. 하지만 라이트는 그보다 '유소니아(Usonia)'라는 말을 선호했고, 이런 이름으로 미국에 대한 자신의 유토피아적 비전을 담은 공동체를 뉴욕주에 설계했다.

저자가 이 글을 쓴 2017년을 말한다.

라이트가 염두에 뒀던 건 제작자들의 공동체였다. 그는 위스콘신주의 스프링그린에 위치한 자신의 가족 농장을 집과 농장과 아틀리에가 결합된 곳으로 바꾼 다음, 자신과 함께 일할 젊은 남녀를 초대했다. 또한 수십 년 전 숙모를 위해 설계했던 학교 건물을 사 들여 실습생을 위한 제도실 겸 기숙사로 변경했다. 실습생들은 라이트의 농장 일을 하고, 집안일을 관리하고, 증축 공사를 하고, 그가 설계한 건물의 제도와 공사 감독을 돕는 걸 즐기면서 그에게 보답했다.

그곳은 모두가 일하고 먹고 함께 자는 공동체였다. 라이트는 건축이 더 폭넓은 문화의 일부라고 느꼈기 때문에, 실습생은 음악을 연주하고 춤도 추며 연극 공연도 했다. '펠로우십(Fellowship)'이란 이름으로 알려진 이곳은 컬트적인 성향을 띠었고, 라이트가 1959년에 별세한 이후 그의 미망인 올지바나가 20년 이상 운영을 맡으면서 그런 성향이 더 분명해졌다. 하지만 어쨌든 이 공동체는 비상한 건축을 생산해냈다.

탈리에신은 그 자체만으로도 예나 지금이나 건축이 어떻게 공동체의 이상을 구현할 수 있는지를 보여주는 상징이다. 탈리에신의 다양한 건물들은 무표석점토 지역(Driftless Region)*의 산비탈 속에 자리 잡았다. 본관은 산꼭대기 부근('탈리에신'은 웨일스어로 '빛나는 이마'를 뜻한다)에 넓게 흩뿌려진 방들의 조합으로 되어

빙하기에 빙하가 표류하지 않은 지역

있으며, 그 아래로는 라이트가 성장기를 보낸 계곡이 내려다보인다. 창문 사이의 벽체 주위로 공간이 유동적으로 구성되며 이 샛벽들은 부유하는 실내 공간을 정박시키는 동시에 석재 벽난로 주변으로 이목을 집중시킨다. 이 집은 사람들의 회합과 조망과 질서를 도모하는 장소이자 건물의 체계로 질서를 얻는 곳이다.

(이상적인) 공동체를 짓는 법

힐사이드 스쿨은 본관보다 더 단순한 건물인데, 정사각형의 모임 공간이 피라미드 모양의 지붕 위로 솟아오르는 형태다. 모임 공간 옆에 있는 제도실은 목재와 강재 트러스가 빛을 유입시키며 접합재와 경간재의 역할을 제대로 보여주고 있다. 이 창작의 장소는 수도사 방처럼 나무로 줄줄이 마감한 일련의 침실이 에워싸고 있다. 탈리에신은 미국식 주거를 일종의 시민 복합단지로 변형해, 풍경과 자연스럽게 관계하며 그 속으로 스며든다.

1937년에 라이트는 탈리에신 펠로우십의 겨울철 거점이 될 곳을 건설했다. 탈리에신 웨스트라 불리는 이곳은 또 다른 산꼭대기이자 맥도웰 산맥 밑으로 피닉스가 내려다보이는 탁상대지에 위치한 단지로서, 좀 더 통합된 복합성을 보여준다. 건물을 더 가설적인 구조로 지었는데, 원래는 콘크리트 기초 위에 비스듬히 설치한 적삼목 골조 사이에 범포를 팽팽히 늘어뜨린 막사들을 지었다. 또한 초기의 진입로는 건물을 빙 둘러 나선형으로 사막 지형을 오르는 형태였다. 그렇게 올라가면 산맥의 울퉁불퉁한 선을 배경으로 비스듬하게 낮은 기초 벽을 형성하는 '사막 콘크리트(desert concrete)'*가 보였

> 일반 콘크리트에 들어가는 골재를 넣지 않고, 사막에서 짓는 벽처럼 지역에서 선별한 커다란 암석과 모래에 시멘트를 섞고 최소한의 물만 써서 굳히는 콘크리트. 라이트의 선구적인 실험 이래로 그의 제자 파올로 솔레리가 다양한 콘크리트 배합 방식을 실험한 바 있다.

고, 그 끝에는 아메리카 원주민의 암면 조각이 새겨진 바위가 나타났다. 동료들이 현장에서 발견한 바위를 라이트가 이곳으로 옮겨와 원주민들이 자기네 땅을 해석한 증거와 맥을 같이한다는 점을 기린 것이다.

거기서 몇 걸음 더 올라가면 수평적이고 평범한 그리스 신전 부지 같은 환경에서 서로 비스듬히 배치된 건물들을 지나게 된다. 탈리

> cinder cone. 분석(噴石, 화산에서 분출한 돌)들로 이루어진 원뿔형의 작은 언덕

에신 웨스트의 주축은 멀리 떨어진 분석구*에 맞춰 정렬되어 그 뒤 산맥의 주요 능선을 따라 이어지지만, 다른 건물들은 대지 전반을 아우를 만큼 비스듬하게 폭을 벌린다. 여기서 사무실과 제도실, 라이트의 집 그리고 주요 동료들이 머무는 건물들이 스프링그린의 단지처럼 복잡하면서도 아나사지족의 집단 구조물처럼 일관된 단일 구조물로 압축되었다.

　　탈리에신 웨스트의 내부 공간은 가설적인 재료들로 이뤄졌지만(한때 그랬다가 이제는 그 범포를 유리와 플라스틱으로, 목재를 강재로 대체했지만), 그 입지와 건물의 향은 대지를 기반으로 설정된 것이다. 따라서 실내에서 원거리의 시야가 확보되고 지붕 아래 안뜰도 내다보인다.

한편 이곳 학생들이 지내는 공간은 원래 바스크 지방의 양치기들이 썼던 막사다. 그동안 새로 들어온 신입생들은 이런 막사를 직접 시공해 더 정교한 구조로 발전시켰다. 계속 쓸 만한 공간이나 학생들이 아름답다고 여긴 부분은 재활용했고, 나머지는 해체해 사막으로 되돌려놓았다. 이러한 작업들은 각각 사막 안에서, 또한 현재 피닉스 일부에서 진행 중인 교외 확산 현상 속에서 편히 쉴 만한 곳을 만드는 실험이나 다름없다. 나는 탈리에신에 온 뒤 몇 년이 지났을 때 이러한 시공 과정을 필수과목으로 지정했고, 학생 개개인에게 그 구조를 설계·시공하고 그 속에서 살아가는 의미에 대해 글을 써보게 했다. 우리가 진정 이해도 하지 못한 채 대량의 기술만을 적용하며 그토록 오래 무시해온 풍경 속에서, 과연 어떻게 편히 쉴 곳을 마련할 수 있을까?

　　나는 우리가 이런 문제를 풀기 위해 현대 건축에서 가장 용감한 시도를 계속해나가길 바란다. 건물에 관한 특수한 지식과 역사를 활용해 풍경과 관계 맺을 수 있을까? 그로써 우리가 집단으로 점유하는 공간을 안락하게 담아내는 질서를 경험

　　　　　　　　　(이상적인) 공동체를 짓는 법

하고, 인공 풍경과 자연 풍경 모두와 관계 맺을 수 있을까? 계속 도시가 확산되는 상황에서 우리가 편안하게 쉴 만한 방법을 찾을 수 있을까?

28

프랭크 로이드 라이트가 한 일은 무엇보다도 (그의 말에 따르면) 상자를 타파한 일이었다. 그는 평범한 교외 주택을 설계할 때도, 교회와 같은 도시의 기념물을 설계할 때도 상자를 타파했고 말 그대로 그것을 열어젖혔다. 우리는 상자 속에서 살고 일하고 놀기도 한다. 벽이 우리를 에워싸고 지붕이 덮어주며 바닥은 우리를 떠받친다. 우리는 문을 통해 들어가고 창문을 통해 밖을 내다본다. 이런 구조는 집 같은 편안함을 주지만 우리를 서로 분리해 세상에서 고립시키기도 한다.

프랭크 로이드 라이트는 뭔가 아주 간단한 일을 했다. 그는 피난처 개념을 강화하면서 그게 상자여야 한다는 관념도 깨부수었다. 그는 지붕을 여러 개로 펼쳐서 그 날개 밑에 우리를 데려다 놓는다. 벽난로와 구석자리는 그가 설계한 거의 모든 방에서 편안한 느낌을 만드는 중심 요소로 활용했다. 수면이나 목욕 등의 기본적인 기능을 하는 방들은 최소화했다. 사람들이 모이는 장소는 더 크게 설계했고, 지붕 밑에 줄지은 창문들로 개방감을 주었다. 그중에서도 가장 과감한 요소는 슈뢰더 주택에서도 볼 수 있는 모서리 창을 설계한 것이다. 모서리 창은 바깥의 풍경으로 시선을 이끈다. 숲과 하늘부터 거리를 걷는 이웃들에 이르기까지, 풍경의 모든 요소에 주목하게 만든다. 라이트의 가장 유명한 주택 작품들, 예컨대 1909년에 완공된 로비 하우스나 1937년에 완공된 낙수장 등에 가보면 완전히 편안한 느낌이 들지만, 구조의 안전성이 의심될 정도로 공중으로 튀어나온 곳에 설 때면 아슬아슬한 희열이 느껴진다.

여러 면에서 프랭크 로이드 라이트와 상반된 건축가인 르 코르뷔지에는 이런 효과를 반복적으로 낼 수 있는 공식을 세웠다. 그는 1920년대에 '근대건축의 5원칙'을 처음 발표하면서 주장하기를, 집은 일단 땅에서 띄워 지어야 한다고 했다. 그렇게 하면 지상층에 설비와 창고 기능을 둬서 추위를 막거나 선선한 바람이 들게 할 수 있다. 그 위에는 자기만의 장소를 마련할 수 있고, 연속적인 수평 띠 창을 통해 집 안에서 주변 환경을 바라볼 수 있다. 수평적 시야를 모두 확보하게 되는 것이다. 이런 집은 평면도 자유롭게 설계할 수 있기 때문에, 일상생활이 물 흐르듯 자연스럽게 이어진다. 기둥으로 구조를 조직화하고, 합리적으로 설계한 격자를 중심으로 공간을 자유롭게 남긴다. 마지막으로, 지붕은 단순한 비바람막이가 아니라 옥상 정원이 된다. 이러한 그의 원칙은 땅에서 띄워진 인공의 근대적 자연관을 보여준다.

이러한 두 시각, 즉 피난처를 강조하는 시각과 자유를 강조하는 시각은 모두 건축이 편안한 느낌을 주면서도 우리를 자유롭게 해야 한다는 믿음을 공유한다.

중요한 건 공간을 가두는 컨테이너의 구축이 아니라 사람들에게 자유로워질 수 있다는 확신을 주는 일일 것이다.

29

장소와 엮인 건축을
만드는 법

환경 속에 자연스럽게 스며들어 구석구석 세세히 적응하는
건축을 만들고 싶다면, 거주자가 깨어 있는 모든 순간을 어떤
웅대한 계획에 예속시키려는 시각에서 벗어나야 한다. 그보
다는 어떻게 하면 우리를 장소, 그 주변 환경 그리고 다른 거
주자들과 연결할 수 있는지에 대한 비전이 담긴 특별한 장소
를 설계해보라.

내가 가장 좋아하는 사례를 하나 들어보면, 1936년부터
1938년까지 건설된 스키 별장인 팀버
라인(Timberline)*이 바로 그런 장소
다. 후드산의 수목한계선에 지어진 이
별장은 오리건주 포틀랜드에서 외곽
으로 한 시간 정도 가면 도착할 수 있

수목한계선(timberline):
극한의 기후에서 수목이
생육할 수 있는 한계선을
뜻하는 말로 이를 별장의
이름으로 썼다.

다. 건물이 웅대하고 주변 환경도 웅장하지만 진정 놀라운 경
험을 하게 되는 원인은 따로 있다. 여기서는 무얼 보든 간에
그게 어떻게 만들어졌는지, 때로는 누가 그걸 만들었는지 알
수 있다. 이곳의 모든 것이 주변의 더 큰 세계인 숲과 산을 내
부로 들여오고 있는 것이다.
내가 팀버라인 같은 건물을 사랑하는 것은 일단 그 건물이 뒤
편의 산을 인공물로 번안해 주변 환경에 응답하기 때문이다.
뾰족하게 솟은 소형 탑에서 긴 능선처럼 퍼지는 건물의 형태
는 들어오는 손님을 두 팔 벌려 환영하는 모습이고, 그 바닥의

기초는 인부들이 현장에서 발견한 돌을 모아 한 줄의 밝은색 목재 패널과 정렬시켜 만들었다. 그다음엔 너와지붕 하나로 그 전체를 덮었다. 이곳은 인공의 능선이자 자연의 아름다움을 집단으로 향유하는 장소로 번안된 거대한 집이다.

진정한 계시적 경험은 그 내부에서 일어난다. 미국 국립공원 관리청은 대공황 시기에 일자리 창출을 목적으로 팀버라인을 지었는데, 수백 명의 인부를 고용해 도로와 스키 리프트와 별장을 만들었을 뿐만 아니라 많은 예술가와 장인을 고용해 부지 전체가 주변의 자연을 인공적으로 재현하게 만들었다. 대개 2층에서 4층 높이의 홀로 이뤄진 공용 공간은 목재로 마감되었고, 목재 굴뚝을 중심으로 구성된다. 이 공간을 채우는 가구는 덫사냥꾼들이 목재와 나무껍질로 직접 만들어 쓰던 의자와 탁자를 재현한 것으로 오랜 전통의 '전원적(rustic)' 디자인을 연상시킬 뿐만 아니라, 주변 숲에 사는 동식물을 모티프로 조각과 장식이 이뤄졌다. 난간엄지기둥에는 비버가 갉아먹은 흔적이 있고, 전나무는 금속 철망과 잘 어울린다. 모든 방이 이런 모티프로 꾸며져 있으며, 예술가들이 팀을 이뤄 각 방의 침대와 침대보, 전등, 책상 등을 손수 제작했다. 이 지역에서 만든 융단에서 따 온 패턴이 아메리카 원주민들의 모티프와 섞이는가 하면 주변에서 볼 수 있는 식물을 그린 수채화도 있다. 공용 공간이 인공의 숲처럼 조성되었다면, 각각의 방에서는 하나의 세계가 인형의 집처럼 펼쳐진다. 마치 주변 환경을 추상화한 곳에서 사는 것처럼 목재와 가공된 질감으로 에워싸인 피난처 속에 있는 듯한 느낌이 드는데, 이런 디자인 때문에 주변에 있는 자연과도 바로 접속할 수 있다.

팀버라인은 훌륭한 건축이 고립되지 않고도 편안하게 느껴질 수 있음을 보여준다. 이곳은 우리를 더 큰 사회적 전체의 일부로 만들어준다. 마치 오래전의 집단 주거처럼, 자연의 세계를 반영하면서 말이다. 이곳은 우리가 어디에 있는지를 이해할 수 있게 해준다. 단순히 머리로만 이해하는 게 아니라 숲과 바위를 보고, 느끼고, 소리를 듣고 냄새도 맡으면서 말이다. 늘 그렇듯 이런 경험은 짧은 순간으로 그친다. 우리는 팀버라인에 기껏해야 단 며칠 밤만 머무를 뿐이며, 스키를 타고 산에서 내려온 뒤라면 한 시간 정도만 머무를지도 모른다. 하지만 그럼에도 그 건축의 짜임새 속에 깊숙이 접속하며 그 순간을 향유한다.

오래전 안톤 프레덕은 자신이 설계하던 주택의 지붕에서 스키를 타고 활강하는 모습을 보여주곤 했다. 또한 그는 도로가 잘려 나간 곳을 아주 좋아한다고도 말했다. 그런 곳을 만날 때면 멈춰 서서 도로의 모든 층위를 살펴본다는 것이다. 그 위에 찌그러진 맥주 깡통과 담배꽁초가 있으면 사람이 있었던 흔적이다. 한때 로스앤젤레스가 시민들의 소요로 마비되었을 때, 프레덕은 롤러스케이트를 타고 사무실까지 출근했다. 나중에 그가 말하길, 그 방법 덕분에 다른 도시에 있는 의뢰인과의 회의에 참석했을 뿐만 아니라 공항이 그리 추상적인 장소가 아니란 사실도 알게 되었다고 한다. 공항도 그저 그의 사무실과 같은 풍경의 일부였다는 것이다.

한 장소에 대한 인식이 얼마나 깊어질 수 있는지 깨달았던 나의 예전 경험을 떠올려본다. 나파 밸리의 도미누스 와인양조장이 완공된 지 얼마 되지 않았을 때 그곳을 방문했다. 양조장 건물은 더 이상 단순해질 수 없을 만큼 단순했다. 건물은 중앙에 구멍이 거칠게 (하지만 그리 심하진 않게) 난 긴 상자 모양으로, 속이 꽉 찬 형태가 아니었다. 스위스의 건축 듀오인 헤어초크와 드 뫼롱(HdM)은 몇 마일 떨어진 채석장에서 찾은 바위들에 금속 망태를 씌워 벽을 만들었는데, 이 입체적인 망태는 그들이 알프스산을 관통해서 낸 도로의 낙석 방지용으로 쓰는 망태와 같은 것이었다. 양조장 건물은 마야카마스 산맥(사실은 낮은 언덕에 가까운 지형)을 배경으로 서서 능선을 질서 있게 강조함으로써, 나파 밸리 최고의 와인양조지인 러더퍼드 벤치의 고원이 돋보이게 했다. 러더퍼드 벤치의 거친 흙과 포도밭은 이 건물의 열린 구조를 통해 뒤편 언덕의 수직 형태와 융합한다. 열린 상자 건물의 안쪽 깊숙한 곳에는 에어컨으로 온도를 제어하는 닫힌 공간이 있다. 이 기능적인 구역에서는 포도를 현대적인 설비에 넣어 포도주로 바꾸는 마술이 일어난다. 유리와 돌이 이중으로 에워싼 내부 공간은 이 와인양조장이 그 장소와 엮여 있음을 분명히 보여준다. 하지만 그 장소의 특수성을 전혀 다른 무엇으로, 즉 복잡하고 심오한 와인으로 변화시키는 마술은 매우 복잡한 기술을 통해 이뤄진다.

그날 건물을 다 둘러보고 난 뒤, 양조장 주인이자 와인제조가인 크리스티앙 무엑스가 나를 데리고 나가 직접 포도밭 구경을 시켜줬다. 우리는 이리저리 걸어 다니며 거의 수확할 때가 다 된 포도덩굴을 탄복하며 바라보았다. 그때 무엑스에게 현장 주임이 다가왔다. 그들은 알 수 없는 논쟁을 시작하더니, 곧 흙을 한 줌 쥐어 들고는 손 위에서 그걸 부서뜨렸다. 그러고는 그 가루를 입에 넣는 것이었다. 무엑스는 프랑스식으로 어깨를 으쓱하더니 나를 돌아봤다. 그러면서 내게도 한 줌의 흙을 주었다. "주임은 쾨쾨하다고 하는데 저는 너무 신 거 같아요. 어떻게 생각하세요?"

나는 그런 판단을 할 만한 전문성이 없었지만 그 흙을 맛봤다. 맛을 보는 동안 나는 눈에 보이는 걸 전혀 새로운 방식으로 자각하게 되었다. 그러고서 우리는 헤어초크와 드 뫼롱이 설계한 건물에서 그 땅에서 자란 포도를 사용해 만든 와인을 함께 음미했다. 똑같은 풍경이 다른 맛으로 느껴진 순간이었다.

건축을 맛볼 수 있을까

31

건물을
요리하는 법

건축은 요리와 비슷하다. 건축을 음악과 비교하는 건축가들
이 많지만 나는 요리에 비유하기를 더 즐긴다.

건축은 그저 허공에 떠도는 추상이 아니다. 건축은 보이는 것만
큼이나 냄새와 소리를 전하는, 물리적이고 뿌리가 있는 것이다.
나는 많은 건축가들이 먹는 것뿐만 아니라 요리도 즐긴다는
사실에 주목했다. 자연에서 재료를 가져와 질서를 부여한 다
음 기술을 더해 변화를 일으킴으로써 본래의 기원을 반영하
되 매우 인공적인 결과를 만들어낸다는 점에서, 요리는 건축
과 닮은 구석이 있다. 아니면 건축가들이 형이하학적인 것에
대한 순수한 향유를 차분하게 가라앉혀 질서정연하게 정리
하고 정당화하는 의례인 요리를 통해 자신의 식욕을 승화시
키고, 그렇게 땅을 변화시키는 능력을 찬미하길 좋아하는 감
각주의자들인 탓일 수도 있다.

그래서 나는 학생들을 가르칠 때 종종 요리에 빗대어 건축을
설명하곤 한다. 어떤 프로그램을 섬세하게 잘라 그 질감을 끄
집어내는 법, 그 구성요소들을 하나로 합치되 걸쭉해지지 않
을 때까지 끓이는 법, 즙이 있는 식재료를 외피로 감싸 씹을
때 만족감을 제공하는 법, 그리고 뭔가를 아삭아삭하게 만드
는 법. 이 모든 방법을 동원해 건물을 설계하는 학생들을 지
도하는 게 나의 교수법이다.

이건 단지 음식 만들기에 관한 얘기가 아니다. 내가 만족스러

운 건축 작품을 찾기 위해 처음 현장 답사를 다니기 시작했을 때, 한 번은 건축가 찰스 무어와 동행한 적이 있었다. 우리 일행은 자동차를 여러 대 나눠 타고 코네티컷과 매사추세츠, 뉴햄프셔주의 시골 지역 근방에서 식민지풍 교회와 무어의 자택을 찾아다녔다. 앞장을 선 무어는 가끔 경로를 이탈하곤 했지만 모두 그를 따라다닐 수밖에 없었다. 그는 주차를 한 뒤 어느 조개튀김집 근처에서 냄새를 맡더니 그 안으로 들어가곤 했다. 알고 보니 그가 들어간 가게들은 그 지역 최고의 조개튀김집들이었다. 그 후로 나는 건축가들이 대부분 무어처럼 음식에 집착한다는 걸 알게 되었다. 건축에 집착하던 영화 감독 피터 그리너웨이는 심지어 1987년에 <건축가의 배(The Belly of an Architect)>라는 제목의 영화를 만들기도 했다. 이 영화에는 아주 맛있어 보이는 정찬 장면이 등장하는데, 이는 역사상 가장 위대한 형태적·공간적 교훈 중 하나인 로마의 판테온 앞에서 연출된 것이었다.

요리와 식사는 건축을 보완한다. 단순히 건물만으로는 이런 행위에 주어지는 통제력과 직접성을 제공할 수 없다. 요리와 식사는 건축가가 손댈 수 없는 감각에 호소한다. (건물을 핥아본 적이 있는가? 그럴 생각은 하지 마시라.) 물론 가장 좋은 순간은 양자가 서로 만날 때이며, 건축가들이 만든 최고의 공간 중 일부가 식당인 것은 우연이 아니다. 사회적 만남의 무대인 식당은 모든 감각이 모여드는 곳이다. 2016년에 문을 닫은 뉴욕의 포 시즌스 레스토랑은 유리와 강철, 가죽, 목재, 그리고 크리스털을 이용해 최대한 감각적으로 꾸민 방에서 세련된 모더니즘 버전의 일류 요리를 제공했다. 모든 식재료는 재료 고유의 특성을 드러내면서도 서로 복잡한 조합을 이루도록 조리되었다. 만약 내가 진정 모던한 느낌을 받은 장소를 단 하나만 꼽아야 한다면, 바로 그 레스토랑을 고를 것이다.

건물을 요리하는 법

32

많은 건축가들이 자연의 힘과 자연이 주는 본능적인 즐거움
을 민감하게 받아들인다. 나 같은 경우 인공적인 풍경 속에서
자라서 그런지도 모른다. 내가 네 살 때 우리 가족은 산과 숲,
호수, 평원으로 가득한 몬태나주에서 네덜란드로 이주했다.
그때 우리가 정착한 곳은 한때 원시 습지대였다가 이제는 질
서 있게 정리되어 세계 최고 수준의 인구밀도를 기록하는 곳
이다. 거기서 나는 자연을 동경했고, 집 근처의 작은 공원보
다 더 큰 숲을 염원했으며, 높은 곳에서 내려다보이는 조망을
열망했다. 가족 휴가로 자동차를 타고 남쪽 지방으로 갈 때
면, 나는 차창에 얼굴을 붙이고 산 같은 풍경이 어서 나타나
길 기대하곤 했다.

　　　　그로부터 오랜 시간이 지나서 집을 떠나 대학에 진학했고, 그
　　　　때서야 네덜란드에서 봤던 풍경이 그곳만의 특별한 아름다
　　　　움을 띠고 있었음을 깨달았다. 나는 관개수로를 통해 직사각
　　　　형 모양으로 분할되는 목초지와 아름다운 흑백대비를 보여
　　　　주는 암소들이 가득한 네덜란드 풍경의 충만함을 높이 평가
　　　　했다. 반면 지극히 인공적인 환경의 아름다움을 이해하게 된
　　　　것은 미국식 도시 확산 현상을 제대로 경험하고 나서였다.
'신이 세계를 만들었지만 네덜란드는 네덜란드인들이 만들
었다'는 오래된 속담이 있다. 이 말은 여러 면에서 꽤나 맞는
말이다. 현재의 네덜란드 지역을 역사상 최초로 언급하는 문

헌들은 그곳을 나일강의 습지대나 루이지애나의 후미진 늪지대와 다를 바 없는 삼각주 지역으로 묘사한다. 그곳은 오로지 안개 낀 습지대 안에 땅과 물과 공기가 섞인 곳이었으며, 그 습지대에서 지금껏 살아남은 건 작은 일부에 불과한 비스보쉬(Biesbosch)라는 지역뿐이다. 중세 초기에는 농부들이 이 땅을 간척하기 시작했다. 그들은 '폴더링(pol-dering)'*이라는 특수 기술, 말하자면 바깥의 해수를 막을 제방을 짓고 호수나 바다 또는 습지대를 에워싼 후 고인 물을 펌프로 퍼내는 기술을 활용했다. 그런 노력 끝에 드러난 토양은 영양이 풍부했고 네덜란드는 생산력이 높은 농지를 얻게 되었다.

폴더(polder)는 간척지를 뜻한다.

이렇게 간척지를 건설하고 유지하려면 집단적인 노력이 필요했다. 물이 다시 스며들지 않게 계속해서 펌프를 가동해야 했고, 침식과 폭풍을 견뎌내려면 제방을 철저히 관리해야 했다. 따라서 한곳에 부를 축적하고 전쟁에 집중하는 위계적 시스템보다 협력과 기술 활용에 기반을 둔 정치 시스템이 조성되었다. 이런 시스템은 목초지를 격자로 나누어 격자별로 물을 빼내고 제방으로 에워싸는 매우 개별적인 풍경을 만드는 데 기여했다. 이런 인공의 이랑들로 구획된 땅에는 배수용 관개수로가 지나갔고, 수문과 둑 그리고 (처음에는) 풍차로 펌프를 계속 돌리는 기술이 전반적으로 적용되었다.

네덜란드의 주요 지역에 해당하는 노르트홀란트주와 자위트홀란트주 그리고 위트레흐트주의 2/3는 해수면보다 지면이 낮아서, 이런 시스템이 유지되지 못한다면 다시 물에 잠겨 습지대로 되돌아갈 것이다. 따라서 네덜란드의 풍경은 완전히 인간이 만들어낸 것이다. 17세기 네덜란드 화가들이 그려 유명해진 이러한 풍경은 어디서나 풀과 몇 그루의 나무를 보여주지만, 실제로 우리가 보고 있는 것은 하나의 거대한 인공물이다.

공간배치계획이 작동하는 방식

인간이 이런 풍경을 만들었으니 인간은 이를 개조할 수도 있다. 네덜란드 서부에는 어떤 원시림도 없으며, 남아 있는 고대의 유산이나 랜드마크도 거의 없다. 그 대신 열린 공간과 마을, 타운, 도시의 리듬을 표시하는 다양한 사용 패턴과 집중적인 점유의 흔적만 있을 뿐이다. 어디에 있더라도 그 땅을 만들어낸 격자와 질서와 리듬을 느낄 수 있다. 이런 풍경에서 튀는 요소들은 모두 원래 그 땅에서 난 벽돌로 만든 것이었는데, 땅을 일일이 만들고 유지해야 했던 만큼 사용을 최소화하기 위해 벽돌의 크기가 작았고 가격은 비쌌다. 조망이 탁 트인 곳이라면 어디에서든 저 멀리 교회 첨탑이나 연립주택이 보인다. 기념비는 아주 드물게 있는데, 사실 기념비가 너무 무겁기라도 하면 진창 속으로 내려앉을 위험이 있기 때문이다.

이 모든 게 격자와 벽돌집 그리고 내가 사랑하는 열림과 닫힘의 복잡한 리듬으로 이루어진 특수한 종류의 건축 발달에 기여했다. 하지만 더 중요한 건 이런 풍경에 대한 분석과 계획이 과학으로 연결되었다는 사실이다. 네덜란드인들은 수백 년 전에 암스테르담 같은 도시('운하 구역')와 베임스터르 같은 간척지에서 전례 없는 대규모의 민간 개발 프로젝트를 계획했다. 이 프로젝트는 암스테르담이 부유해진 다음에 투기성으로 계획되었으나 이제는 간척지의 완벽한 아이콘으로 인정받아 유네스코 세계문화유산으로 지정되었다. 수 세기에 걸쳐 이뤄진 민간 개발과 (나중에 정부 통제로 바뀐) 집단 계획 간의 균형은 최고급의 사회적 주거를 생산했을 뿐만 아니라, '공간배치계획(ruimtelijke ordening)'이라는 개념도 만들어냈다.

한때는 정부의 한 부처 전체가 이 개념에 전념한 적도 있었다. (독일인들은 제2차 세계대전 때 네덜란드를 점령하면서 실제로 이 용어를 자국에 도입했다.) 그들은 5년 남짓마다 전국의 토지 이용 현황과 건물 형태를 조사했고, 조사 결과를 바탕으로 농업과 주거, 산업과 문화, 공지와 시가지를 구분해 땅을 재할당할 방법을 제안했다. 문제는 어디에 어떤 용도의 건물을 짓느냐에 그치지 않았다. 지을 건물의 밀도와 높이 그리고 특징까지도 문제로 다루었다. 이와 똑같은 논의가 지역 수준에서도 일어났다. 사회의 미래를 고민하려면 그것의 물리적 형태와 공간 그리고 외관까지도 고려해야 했던 것이다.

요즘 네덜란드에서는 공간배치계획이 구식 개념으로 여겨진다. 하지만 나는 언젠가 이 개념이 다시 쓰이길 바란다. 우리가 누구이고 어디에 있는지 그리고 어떤 곳에 있길 원하는지에 대한 고민은, 정치와 도시계획 그리고 건축을 포함한 문화영역 전반에서 필요한 일이다. 윈스턴 처칠이 말했듯 "우리가 건물을 만들면 그 건물은 우리를 만든다." 인공의 풍경과 도시에도 똑같이 적용되는 말이다.

이런 이유로 나는 사람들한테서 일생 동안 이루고 싶은 꿈이
뭐냐는 질문을 받을 때면 이렇게 말하곤 한다. "공간배치계
획부 장관이 되는 거지요." 안타깝게도 그런 직책은 더 이상
없다. 그래도 그렇게 생각하기를 즐긴다. 편향적인 해석이지
만, 나는 공간배치계획이 인구 성장, 취향을 중시하는 문화,
경제 성장 그리고 다른 수많은 변수로 이루어진 다양한 시나
리오의 틀 속에서 기존 환경의 모든 측면을 분석해 공간을 사
용하고 점유하는 패턴을 꾸준히 역동적으로 재배치하는 작
업이라고 생각한다.

> 말하자면 공간배치계획 개념에서 디자인이란 완벽한 결과를
> 만들기 위해 어떤 순수한 영역에서 무언가를 하는 행위가 아
> 니다. 그보다는 우리가 만들어내고 함께 이용하는 풍경을 꾸
> 준히 재해석함으로써 그 풍경이 가장 발전할 수 있는 방식들
> 을 조율해나가는 과정을 의미한다.

이런 원리를 근본적으로 잘 적용했기에 좋아하는 계획안이
하나 있는데, 한 건축학도가 삼각주와 대양이 만나는 로테르
담시 인근 지역을 재구성하기 위해 만든 안이었다. 그 학생은
땅값과 해수면 상승, 산업용 및 주거용 근린지구의 향후 개발
필요성, 천연구역의 보존 현황을 면밀히 분석함으로써 하나
의 논리적 결론에 이르렀다. 그것은 제방을 없애고 물이 차들
게 함으로써 이 지역을 다시 진정한 삼각주로 복원한다는 시

나리오였다. 그럴 경우 네덜란드는 동일한 지역을 주택과 공장을 비롯한 여러 용도에 할당하면서도 물이 흐르는 공간과 습지대를 풍부하고 아름답게 조성해 서로 분리된 섬들을 만들 수 있게 된다.

이 안은 공간배치계획 개념을 공상적으로 확장한 예라 할 수 있겠지만, 이 개념은 실제로 범세계적인 도시 확산 현상을 위한 최고의 건축 실험이라 할 만한 몇몇 사례를 만들어냈다. 이런 준교외 공동체의 기원은 1920년대 또는 그보다 일찍 간척지에 건설된 뉴타운까지 거슬러 올라갈 수 있지만, 이런 실험의 본격적인 기반은 1991년에 반포된 '제4차 공간배치계획'의 속편인 '제4차 추가계획(Fourth Plan-Extra)'에 있었다. 네덜란드어 약자 '비넥스(Vinex)'*로 일컬어지는 이 계획은 원래 농업지역이나 반 공업지역이었던 곳에 새로운 공동체를 건설하기 위한 기반을 확립하면서, 대지를 어떻게 활용하고 주거 유형을 어떻게 혼합할 것인지에 대한 지침을 마련했다. 어떤 영역을 꼭 용도 지역이나 지구로 설정해야 한다는 규정이 있었던 게 아니라 자연과 기존 건물을 모두 존중해야 한다는 지침만 있었다.

Vierde Nota Ruimtelijke Ordening Extra: 제4차 추가 공간배치계획 각서

비넥스 공동체 중 최고의 사례는 도시계획가 릭 바커르의 지도하에 계획된 레잇서 레인(Leidsche Rijn)이다. 바커르 팀은 그들 중 일부 디자이너가 십여 년 전에 계획했던 로테르담의 확장 구역인 프린센란트(Prinsenland)의 접근법을 채택했다. 그들은 목초지와 관개수로, 기존의 작은 마을, 하천, 잡목림의 리듬 위에 새로운 포장도로를 까는 방식이 아니라, 기존 농장과 주택, 심지어 산업용 창고에까지 새로운 내용을 촘촘히 끼워 넣는 개발 방식을 강구했다. 이들의 계획에서는 이상적인 모습들이 연이어 나타난다. 처음에는 다닥다닥 붙어있

옛것에 새것을 엮어 넣는 법

는 집들로 가득한 목초지가 나타나고, 그다음엔 암소들이 풀을 뜯도록 남겨둔 목초지가, 그다음엔 공동체로 변신한 또 다른 목초지가, 그다음엔 아마도 양을 기르는 또 다른 목초지가 나타나는 식이다. 원래 계획에서는 이런 목초지 중 일부를 여러 주택의 벽체로 둘러싸고 그 내부 구역은 다시 자연으로 돌려놓을 예정이었다. 그렇다고 모든 비넥스 공동체가 그리 좋기만 한 것은 아니었다.

하지만 무조건 새로운 공동체를 만들기보다 기존 패턴을 활용해 더 정교한 건물을 짓는다는 이러한 개념이야말로 중요한 것이다. 그에 못지않게 흥미로운 사례는 실제 주택에서 행해진 몇 가지 실험들이다. 일례로 건축사무소 엠비알디비(MVRDV)는 네덜란드에서 반자동 기계로 생산되는, 외쪽 지붕이 달린 콘크리트 튜브 형식의 기본 연립주택을 기본형으로 선택해 여럿으로 분할했다. 그 결과 획일적인 연립주택 대신 수풀을 비롯해 개별 주택까지 등장했으며, 일부 주택의 앞마당은 또 다른 주택의 뒷마당 옆에 위치하게 되었다.

그다음엔 건물군별로 서로 다른 외장 재료를 채택해 벽체와 지붕에 같은 벽돌이나 타일, 금속 패널을 사용했다. 이렇게 만든 주택들은 마치 어린아이의 그림처럼 추상적 특징이 살아 있고 겉모습만 봐도 알아볼 수 있는 집이 되었다. 내가 연푸른색 금속 오브제를 방문했을 때 한 아이가 내게 말했다. "저는 저 파란 집에 살아요." 그러자 기다리고 있던 두 번째 아이가 반대 방향을 가리키며 말했다. "저는 저 첫 번째 타일 집에 살아요. 하지만 쟤네 집이 더 멋있어요."

엠비알디비는 주택을 기본적이고 가장 알아보기 쉬운 요소들로 환원하고 개별 건물을 집단적인 격자에 정갈히 맞추는 개념을 타파함으로써, 도시 확산 지역을 규모와 배치, 이미지 면에서 더 인간적으로 재구성하는 방법의 토대를 만들었다.

공간배치계획을 유효하게 만드는 요인은—또는 인과관계를 뒤집어서, 공간배치계획이 탄생시킨 결과는—건축과 디자인을 시나리오 기법(scenario planning)*으로 환원하는 방식이다. 이 말이 모순적으로 들릴 수도 있다. 인간의 삶과 협업과 공간 경험이 펼쳐지는 일상생활의 복잡성을 숫자나 그래픽, '만약에'로 시작하는 상상적 기획으로 환원한다 한들 어떻게 그에 응답하는 결과를 낼 수 있을까?

* 미래의 가능한 시나리오를 예측하는 기법으로, 군사 조직이나 각종 사업 조직에서 주로 전략기획의 일환으로 활용한다.

이 질문에 답하자면, 그 모든 일이 장시간의 집중된 관찰로 시작된다는 점이다. 1934년에 건축가 코르 반 에이스테런이 이끈 암스테르담시 도시계획국은 암스테르담시의 확장계획을 만들었다. 그들의 계획안은 사람들의 시내 이동 패턴, 말하자면 사람들이 어떤 교통편을 이용하는지, 어떻게 일하고 여가를 즐기는지, 어디서 생활하는지 등에 대한 연구를 바탕으로 했다. 또한 날씨와 지질을 비롯해 암스테르담 사람들이 환경을 경험하는 방식에 영향을 줄 수 있는 모든 현실 요소에 관한 데이터를 수집했다. 모은 정보를 이해하기 쉬운 그래픽으로 변환한 다음, 기존 도시와 전원 풍경을 기반으로 수집된 데이터가 어떻게 도시 확장의 질을 극대화하는 데 기여할 수 있을지 질문했다. 이에 대해 그들이 내린 해답은 도심에서 기존 근린지구를 확장시킬 '돌출부'들을 마련하고 이 새로운 공동체들 사이에 녹지를 남겨두자는 제안이었다.

그동안 네덜란드인들은 꾸준히 데이터 수집과 분석을 활용하는 데 집착하며 물리적 현실을 면밀하게 들여다보는 방식으로 건축을 설계했고, 이런 건축은 땅 위에 낯선 대상을 내려 앉히기보다 기존의 인공 경관과 자연 풍경을 새로운 형식으로 정교히 짜는 방식으로 이뤄졌다. 렘 콜하스와 동료들이 설립한 로테르담 기반 설계사무소인 오엠에이(OMA)는 이런 식으로 건축에 대한 개념적 접근을 발전시키면서 건축에 새로운 차원을 부여하는 데 일조했다. 그들은 단순히 프로그램이나 구조를 변환해 효율적인 건물을 짓기보다, 자신들이 발견한 조건에 내재된 가능성을 극대화했을 때 어떤 형태가 생겨나는지에 집중해 그 환상을 만들어냈다.

그렇게 로테르담에 지어진 작은 전시관 건물인 쿤스트할(Kunsthal)은 라인강이 범람할 때 로테르담시를 보호해주는 제방의 바로 옆에 위치한다. 제방의 반대편에는 거의 두 개 층이 더 낮은 시민 공원이 있다. 오엠에이는 의뢰인의 요구사항을 이 제방의 그림자가 지는 곳에 갤러리를 배치해달라는 뜻으로만 보지 않았고, 제방과 공원을 통로로 연결해 사람들을 갤러리로 끌어들였다. 건물의 프로그램(요구조건)은 일정 규모의 전시 공간과 강당을 포함하고 있었는데, 오엠에이는 이 모든 걸 함께 배치하지 않았다. 그보다는 그런 프로그램의 데이터를 재조합이 가능한 원재료처럼 다뤘다.

그들이 제시한 '해법'은 제방 위에 올린 하나의 상자로서, 정면의 2/3가량에 큰 개구부가 나 있다. 정면에서 하나의 통로를 따라가면 공원 쪽으로 내려가게 된다. 그 과정에서 작은 문을 만나게 되고, 문 안으로 들어가면 경사면과 반대 경사를 이루는 강당의 한복판에 이르게 된다. 미술관으로 가는 진입로는 복도를 따라 내려가는 길이 유일하다. 지하층에는 외투 보관소와 화장실 그리고 제1갤러리가 있는데, 외부 공원으로 평탄하게 이어지는 이 갤러리는 공원과의 연속성을 위해 모 조품 나무로 일부 기둥을 구성했다. 경사로는 다시 뒤로 돌아 위로 올라가며, 천창이 있는 갤러리에 이르면 어느새 제방 높 이로 돌아와 있다. 계속 올라가면 다락층에 이르고 여기서는 더 많은 갤러리와 함께 로테르담시의 전경을 볼 수 있다.

콜하스와 동료들은 프로그램과 대지를 해석했고, 그 물리적 현실에 대한 답을 내놓을 때 뒤따를 수 있는 통상의 선입견 (예컨대 정문을 공원 쪽에, 주요 갤러리는 중앙에 놓고 동선 은 분리시키며 강당은 지하에 놓곤 하는 방식)을 받아들이기 를 거부했다. 그 대신 그런 사실들을 함께 엮어낼 수 있는 요 소로 취급함으로써 기존 대지와 프로그램이 맞물려 새로운 가능성이 드러나는 공간을 경험할 수 있게 했다. 그들이 공간 을 재구성한 방식은 논리적이면서도 가변적이고, 기존의 단 조로운 풍경을 다양한 방식으로 탐구하는 열린 방식이었다. 그들은 이미 알려진 사실에서 미지의 영역으로 돌아나갔다 가 다시 돌아왔다. 주지의 사실은 마치 자기 꼬리를 문 뱀처 럼 되돌아와 자기 자신을 물었다.

미지의 영역으로 나갔다 돌아오는 건축

딥 플래닝을
하는 법

1990년대에 오엠에이를 중심으로 협업한 디자이너들은 이러한 접근법을 훨씬 더 발전시켰다. 앞서 언급한 사례에서 분할 주택을 만들어낸 엠비알디비는 노년층을 위한 ('보조코[WoZoCo]'로 약칭되는) 아파트 건물도 설계했는데, 이 프로젝트에서는 거동이 불편하거나 특별한 보호가 필요한 사람들이 포함된 일부 세대의 집을 훨씬 더 크게 설계해야 했다. 엠비알디비는 이 특별한 세대의 공간을 구조물 안에 감추려 하지 않고 구조물 바깥에 외팔보 형식으로 매달아 두었다. 그렇게 형성된 공간은 필요면적을 논리적인 건축언어로 변환한 것으로 건물의 상징이 되었다. 또 다른 아파트 건물인 실로담(Silodam)에서는, 개발업자한테서 그곳에 살고 싶어 하는 잠재적 세입자의 유형이 27가지라는 데이터 수집 결과를 들었다. 그래서 엠비알디비는 암스테르담 전반을 조사해 이 데이터와 일치하는 27가지의 서로 다른 아파트 유형을 찾아냈고, 이를 기존 주거 유형들과 함께 섞어 새로운 구조물을 만들었다.

　엠비알디비가 진일보한 전산 기술을 활용하기 시작하면서 이런 추세는 급속도로 확장되었다. 그들은 네덜란드 정부로부터 자국이 현재 보유하고 있거나 미래에 필요해질 주거와 농업, 산업, 기반시설, 사무 공간, 여가 구역 등에 관한 모든 데이터(공간배치계획 과정의 일환으로 정기적으로 수집되는

정보)를 수집했다. 그리고 그 수치를 컴퓨터에 입력하여 KM3
라는 제안을 도출해냈다. KM3는 기존의 면적 안에 모든 걸
밀어 넣기보다 나라 전체를 수직으로 재구성한 입체적인 층
위들 속에 각각의 기능을 다양하게 집중시킨 제안이었다. 그
들은 지반을 데이터로 취급했으며 꼭 지상층만 고집할 필요
가 없다고 생각했다. 농업을 제곱미터 단위로 다루었고 공중
에서도 농업이 가능하다고 생각했다. 네덜란드를 하나의 거
대한 구조, 즉 열린 공간과 빛 그리고 삶터와 일터로 가득한
구조로 상상한 것이다. 비록 사람들이 기대한 것은 아닐지라
도 말이다.

이들이 컴퓨터로 도출한 콜라주 작업을 계속하는 동안(특히
이 사무소의 공동대표인 비니 마스는 현재 델프트 공과대학
교에서 '와이 팩토리[Why Factory]'라고 이름 붙인 연구실을
운영하면서 데이터를 바탕으로 한 다소 공상적인 시나리오
들을 계속 도출해내고 있다), 다른 건축사무소들은 또 다른
방식으로 데이터를 활용했다. KM3가 발표된 시점과 같은 시
기에 벤 반 베르켈과 캐롤라인 보스의 건축사무소 유엔 스튜
디오(UN Studio)는 '딥 플래닝(deep planning)'이라는 기법을
개발했다. 그들은 컴퓨터를 활용해 찾을 수 있는 모든 데이터
를 수집하고 분석하고 끝없는 조합을 도출한 후 그것을 기반
으로 효율적이고도 공간적 가치가 있는 구조를 추론해내길
꿈꿨다.

이런 꿈이 가장 성공적으로 적용된 사례는 그들이 아른험시
에 설계한 교통환승센터였다. 버스터미널과 기차역을 결합
한 이곳은 대형 자동차 주차장과 자전거 전용 주차장 그리고
두 개의 사무소 타워를 갖추고 있다. 이 구조물들은 별개로
떨어져 있지 않다. 환승역 중앙에 위치한 나선형 강철이 구
조와 동선의 매듭 역할을 하면서, 경사로와 경사벽, 굽은 천

장과 유선형 바닥판 등의 모든 기능 요소를 단일한 형태로 결속하기 때문이다. 풍경과 주차장, 기차선로와 자전거 보관소, 사무소 층과 대기 구역이 모두 이어진다. 이 건물은 기능적인 방식으로 일관하지만, 이곳에서 우리가 경험하는 것은 모든 사물의 근본적인 관계다. 풍경과 도시계획과 건축이 하나의 매듭 속에서 성공적으로 결합한 것이다.

이런 해법 때문에 컴퓨터가 세계를 만드는 방식을 근본적으로 바꿀 것이고 이미 바꿨다고 믿는 건축가들도 많다. 일부는 이런 믿음을 자명하게 여긴다. 그들은 컴퓨터로 모든 수수께끼를 해결할 수 있다고 생각한다. 풍경과 장소 사이, 안과 밖 사이, 우리가 사는 방식과 살고 싶은 방식 사이의 모든 불일치를 컴퓨터로 해결할 수 있다는 것이다. 나는 가장 기본적인 수준에서 건축을 고민하는 데만 삶의 대부분을 바쳐왔는데 말이다.

그들은 모든 삶이 컴퓨터로 계산된다고 주장한다. 말하자면 우리는 DNA 안에 새겨진 정보의 조합으로 존재한다는 얘기다. 이 주장에 따르면 의식이란 데이터 분석과 수집의 형식이다. DNA의 휘감아 도는 이중나선으로 존재하는 근본적 관계들은 모든 컴퓨터 코드의 기초가 되는 0과 1의 조합으로 반영된다.

이런 주장을 펼치는 이론가들의 글은 거의 신화적인 태도를 취한다. 카스 오스터하위스°는 컴퓨터 기반 설계의 유기적 성격을 믿는다고 공언한다. 그는 이런 디자인이 진정 자연스러운 방식으로 형태를 만드는 유일한 길이라고 생각한다. 식물이 주변 환경에서 받은 입력 정보를 최대한 활용해 가장 효율적인 구

오스터하위스(1951-)는 네덜란드 건축가로서 건축설계사무소 오엔엘(ONL)의 대표이며, 델프트 공과대학교 교수직을 거쳐 현재 카타르 대학교 건축과 교수로 재직 중이다.

조를 만들어내는 복잡한 패턴으로 성장하듯이, 건축도 프로
그램과 구조, 대지, 형태를 구분해서 쌓아 올리는 방식을 버
리고 분석과 정교화를 통해 성장해야 한다는
것이다. 모든 게 자연스럽게 이어질 수 있게

말이다.

슈마허(1961-)는 독일
태생의 건축가로, 자하
하디드 아키텍츠의 수석
디자이너였다가 하디드의
사망 이후 대표를 맡고
있다. 대표 저서로『건축의
자기생산(The Autopoiesis of
Architecture)』(2011/2012)이
있다.

패트릭 슈마허˚는 스스로 '매개변수
주의(parametricism)'라고 칭한 개념
에 관한 이론적·수학적 기초를 다루는
두꺼운 책을 몇 권 썼는데, 그는 매개
변수주의가 '세기의 양식'이라고 주장
한다. 어떤 것이 현대적인지 고전적인지, 어떤 형태가 문화적
으로 올바른지 아닌지는 걱정할 필요가 없다는 것이다.
건축가는 어떤 상황에서도 컴퓨터가 최고의 시나리오를 정교히
발전시킬 수 있도록 자유롭게 내버려 둬야 한다는 것이다.

슈마허는 세계 최고의 인기를 누리는 건축사무소 중 하나인
자하 하디드 아키텍츠의 디렉터로서 다양한 상황에서 자기
이론을 시험할 기회가 있었지만, 결국 그가 만드는 건 오브제
다. 외관상으로는 유동하는 형상처럼 보이고 건물의 조합 방
식에 관한 선입견을 깨는 면도 일부 있을지 모른다. 그럼에도
그 모든 것은 여전히 거의 기능적으로 쌓아 올린 구조에 해당
하며, 설계 개념처럼 성장하거나 정교히 발전되지 못한 문과
창이 다소 관습적으로 설치된다.
슈마허는 그 이유를 사회에 돌리며, 사회의 건설 관행이 그의
매개변수주의를 따라잡지 못하기 때문이라고 여긴다. 그는
제임스 J. 깁슨이 동물의 환경 이용 행태를 분석하면서 개발
한 행동 유도성(affordance) 이론을 채택해 자신의 접근법을
심화한다. 공간의 흐름과 용도의 예측값을 쌍방향 소통 방식
의 컴퓨터 모델에 투입함으로써, 사용자의 행동을 한정하지

않고 다양하게 유도하는 공간을 만들어낼 수 있다고 믿는다.

현재로서는 컴퓨터 기반 설계가 하나의 양식을 만들어냈다. 비록 그게 '세기의 양식'이라는 확신은 들지 않지만 말이다. 이 양식을 대개 '블로비즘(blobism)'이라고 부르는데, 이렇게 설계한 건물의 외관이 물방울(blob)의 조합을 닮아서이기도 하고 건축가 그레그 린*이 애초에 물방울의 과학 이론을 건축에 적용했기 때문이기도 하다. 블로비즘으로 설계한 건물은 곡선과 외팔보 구조, 기울어진 구조를 비롯해, 직선과 협소한 공간을 벗어난 형태들로 이뤄진다. 두바이에 가면 하늘을 향해 치솟은 기울어진 형태의 타워들을 수없이 볼 수 있다. 또한 광저우에서는 자하 하디드가 설계한 곡면이 두드러지는 오페라하우스를 볼 수 있다. 이처럼 오늘날 세계 어디든지 재료와 구조의 한계를 시험한 건물들이 즐비하다. 당신이 얼마나 회의적으로 보느냐에 따라, 그 건물에서 전에 없던 외관을 보여주려 했거나 가능한 한 유기적으로 설계하려고 한 건축가의 충동을 읽게 될 것이다. 이런 건물은 대개 공상과학소설처럼 보인다. 어쩌면 요즘 건축가들은 전통이나 인간의 주관적 동기보다 '과학이 현실을 결정하는 상황이 바로 우리의 현실'이라는 자각을 따르고 있을 뿐인지도 모른다. 아니면 컴퓨터가 새로운 외관을 만드는 도구가 되는 미래를 향해 자신만의 비전을 만들고 있다거나.

린(1964-)은 미국의 건축가로, 건축설계사무소 그레그 린 폼(Greg Lynn FORM)의 대표다. 대표 저서로 건축의 역동적 형태를 연구한 『동적 형태(Animate Form)』(1999)가 있으며, 1996년 잡지 『애니(ANY)』에 '블롭, 또는 왜 축조술은 반듯하고 위상학은 매혹적인가(Blobs, or Why Tectonics is Square and Topology is Groovy)'라는 에세이를 기고하면서 '블롭 건축(blob architecture)'이란 말을 만들어냈다.

블로비즘이 21세기 양식이 아닌 이유

37 건물을 짓지 말아야 하는 이유

최고의 건축 가운데 어떤 것은 지어지지 않는다. 수백 년에 걸쳐 건축가들은 이론적이거나 유토피아적이거나 지을 수 없는 프로젝트를 설계하며 영감을 얻어왔다. 그들은 완벽한 유토피아를 제시하거나 디스토피아의 경고를 전한다. 그런 비전의 성격 자체가 이미 지어질 수 없는 것이다. 설사 비전이 그리 원대하지 않고 그저 공간 속에 존재하는 새로운 방식을 여는 건물을 상상할 뿐이라고 해도, 여전히 그것은 실현이 불가능한 수단을 통해서 우리가 무엇을 소망해야 할지 제안한다.

최근에는 마치 컴퓨터 기술이 우리가 상상하는 대부분을 실현할 수 있는 수준으로 진보한 것처럼 보인다. 이게 반드시 좋은 것만은 아니다. 뭔가가 지어지고 나면 실망스러울 때가 많다. 건축가라면 문과 창을 어디에 두고, 비를 어떻게 막고, 환기를 (볼품없는 철망을 통해) 어떻게 하고, 자신의 꿈을 완전하고도 영원히 재현하는 재료를 어떻게 찾을지 파악해야 한다. 아무리 많은 컴퓨터의 계산 능력이 투입된다 한들, 과실은 숨기면서 불가능할 법한 공간들을 강조하는 흐릿한 아지랑이 같은 드로잉 속의 건물을 보는 게 더 좋을 때가 종종 있다.

불가능한 것을 가장 도발적으로 환기시킨 건축가 중 한 사람은 고(故) 레비우스 우즈*였다. 내가 그를 처음 만났을 때, 그는 한창 색연필과 펜으로 여러 가지 세계를 창조해내고 그 여백에 해독할 수 없는 해설문을 써넣으며 나날을 보내던 중이었다. 그는 건축가로 일한 이후에 의뢰인이나 일반 대중에게 마천루를 홍보하는 드로잉 작가로 일한 적이 있다. 그러다 1980년대 말에는 세상에 없거나 계획되지 않은 것들을 그리는 쪽으로 작업 방향을 틀었다. 그는 자신의 건축을 제안하기보다 그것의 아름다움과 잠재력을 환기시키는 사람이었다.

우즈(1940-2012)는 미국의 실험적인 건축가로, 건축 학위나 건축사 자격증도 없이 에로 사리넨 등의 건축사무소에서 일하다가 1976년부터 이론과 실험적 프로젝트에 매진했다. 1994년에 크라이슬러 디자인상을 받았고, 뉴욕의 쿠퍼유니온 건축학교에서 학생들을 가르쳤으며 실험적인 저작 활동으로 많은 건축가에게 영감을 주었다.

1986년에는 그의 작업을 모은 첫 번째 선집 『센트리시티(Centricity)』가 출판되었는데, 이 작품집에는 미친 과학자들이 말도 안 되는 일을 벌이는 외딴 실험실처럼 문설주가 밖으로 벌어지거나 곡선형으로 휜 구조들의 혼합체가 가득하다. 그럼에도 불구하고 사람들은 우즈의 드로잉을 통해 그 복잡성을 탐구하고 싶어 했다. 그가 그린 삐딱한 투시도가 우리를 가장 깊은 심연과 소용돌이치는 고지로 이끌기 때문이다.

그 이후 우즈는 자신의 핵심 작업이 될 두 개의 프로젝트를 진행했다. 첫 번째는 『언더그라운드 베를린(Underground Berlin)』(1988)으로, 이 프로젝트에서 그는 지구의 본질에 귀 기울이며 그것을 분석하는 과학자들과 철학자들의 공동체를 상상했다. 그들은 베를린의 동서 분할 이후에 방치된 지하 열차 터널에서 살면서 터널을 확장했다. 우즈는 이런 사람들을 '아나키텍츠(anarchitects)'라고 불렀는데, 이는 권력 구조를 거부하고 또 다른 세상을 만들 방법을 궁리하고자 함께 모인 아나키스트(anarchist)와 건축가(architect)들을 합쳐서 부른 말이다.

『전쟁과 건축(War and Architecture)』(1993)에 실린 드로잉들

건물을 짓지 말아야 하는 이유

은 이보다 더 불길한 느낌을 준다. 우즈는 내전으로 피폐해진 옛 유고슬라비아에서 시간을 보낸 다음 그곳의 소련식 건축에 감격한 나머지 그 건물들이 파괴되는 상황에 아연실색하며 돌아왔다. 그가 그린 드로잉들과 그 제목은 기계와 건물 사이의 중간쯤에 해당하는데, 이 형상들이 파괴수단인지 재건수단인지에 대한 판단을 우리에게 맡긴다.

레비우스 우즈의 모든 작업은 이렇게 모호한 신화적 영역을 차지했다. 고대 그리스 신화에서도 그렇듯이 그가 보여주고 있는 게 과거인지, 미래인지, 아니면 또 다른 현실 속의 현재인지 결코 확신할 수 없다. 그의 작업은 종종 우리 주변의 세상을 왜곡해서 보여준다. 벽과 바닥이 벌어져 균열을 드러내고, 전선부터 에어컨 덕트까지 보통 벽 뒤에 감춰져 있던 것들이 갑자기 능동적으로 등장하는 장소들이 나타난다. 당신은 교양 있는 사회의 모든 우아함을 거부하는 어떤 세계로 빠져들어 간다. 건축은 현실을 새롭게 상상하기 위한 엔진이지, 현실을 더 잘 작동시키기 위한 엔진은 아니다.

우즈는 몇몇 건축가들과 그 측근들로 구성된 실험적 건축 연구소(Research Institute for Experimental Architecture)를 설립했다. 나도 그 측근 중 한 명이었는데, 여기서 측근이란 건축가들과 똑같이 환상적인 드로잉을 하거나 건축을 하나의 실험으로 생각하는 사람, 말하자면 유토피아나 디스토피아를 그리지는 않지만 그 실험의 결과가 어떨지에 대해서는 유보적 자세를 취한 사람을 말한다.

중요한 건 해법을 제시하는 게 아니라 건축 내부에서 건축을 통해 질문을 던지는 것이었다.

오늘날에도 여전히 그런 실험을 하는 건축가들이 있다. 다만 그들 작업에서 이것을 했다가 저것도 하는 식의 비일관성은 문제라고 본다. 이런 문제는 대개 컴퓨터상에서 일어난다. 그보다 더 좋은 것은 자신의 신화를 그리고, 건물을 짓고, 모델 링하고, 선 하나와 형태 하나가 어떻게 또 다른 선과 형태로 발전하는지를 보는 일이다. 모든 게 측정되고 평가되며 삭제 하기도 너무나 쉬운 세상에서, 실험적 건축의 기묘함을 끄집 어 그려내기란 쉽지 않다.

건물을 짓지 말아야 하는 이유

38

컴퓨터가 건축에 제공하는 실질적 효과는 설계자들이 작업
에 제약을 받으면서도 한편으로는 자유를 얻는다는 점이다.

몇 년 전 나는 뉴욕의 한 대형 건축사무소에서 인턴으로 일하
는 학생을 만나러 갔다. 놀랍게도 그는 중국의 리조트 복합
단지 하나를 (적어도 내가 파악한 바로는) 전부 혼자서 설계
하고 있었다. 그게 가능했던 이유는 컴퓨터를 사용해 자동화
된 형태를 만들어냈기 때문이다. 딥 플래닝을 하기 위해 의뢰
인이 원하는 면적과 대지, 그리고 사용 패턴과 풍향, 일조, 도
양 조건의 예측치를 비롯한 모든 데이터를 파악한 그는 자신
의 컴퓨터를 활용해 건물의 기본 배치와 형상을 최적화할 수
있었다. 그다음엔 라이노(Rhino)와 그래스호퍼(Grasshopper)
같은 렌더링 도구들로(그 외 다른 도구들에 대해서는 들어보
지 못했다) 이런 형태들을 조작해 다양한 외관을 생성하고 마
치 건물이 이미 지어진 것처럼 보이도록 표현했다. 그의 상
사가 지침을 주고 작업을 수정하기도 했지만, 이 젊은 친구는
컴퓨터가 윙윙 소리를 내며 사이버공간에서 돌아가는 동안
자신의 마우스를 클릭하면서 0과 1의 조합으로 뉴타운을 만
들어내고 있었다.

이런 일화가 건축이라는 직종에 의미하는 바는 제도 작업의
수요가 줄어들고 디자인의 수요는 늘어날 거라는 점이다. 말
하자면 모든 걸 스스로 하거나 작은 팀을 꾸려서 전혀 새로운

건물과 도시를 구상할 수 있는 사람들과 그럴 기회가 없는 사람들 사이의 간극이 그 어느 때보다 더 커질 것이다.

여기에는 설계자가 필요 없어질 거라는 위험이 도사리고 있다. 이미 검색과 전산 기술을 새롭게 활용할 가능성을 모색하고 있는 구글 엑스 프로젝트는 누구든지 집 한 채뿐만 아니라 대형의 상업 건물까지 설계할 수 있는 시범 프로그램을 생산해 냈다. 구글 엑스가 제공하는 템플릿을 활용하면 지역지구제를 비롯한 건축법을 모두 지킬 수 있고, (완성된 디자인의 렌더링을 이웃에게 보여줌으로써) 이웃과 함께 모두가 좋아할 만한 건물을 만들 수가 있다. 그 과정은 자동으로 이뤄진다.

이런 변화는 건축 업계에 그다지 좋은 소식이 아닐 수 있다. 건축 분야는 면허제도로 보호받는 전문 직종으로서, 그에 합당한 지식과 기술을 갖춘 사람이 보호 대상이기 때문이다. 하지만 이런 변화가 우리가 사는 인공의 세계에도 더 나쁜 영향을 끼칠까? 오히려 이런 과정을 통해 설계와 시공은 더 효율적이고 기능적으로 이루어질 것이다. 물론 그 결과로 모든 게 똑같아 보일 수도 있고, 이미 거의 그래 보이는 상황이긴 하다. "오늘날 설계되고 지어지는 모든 것의 99퍼센트는 순전히 똥"이라는 건축가 프랭크 게리의 말은 이미 유명하다. 그리고 컴퓨터는 그 99퍼센트라는 비율을 바꾸는 데 크게 기여하지 못할 것이다.

하지만 게리는 컴퓨터 모델링에 대해 다른 얘기도 했다. 몇 년 전 내가 방문했을 때 게리는 디즈니 홀 공사를 마지막으로 감독하고 있었다. 디즈니 홀은 수년간 여러 번 지연된 끝에 로스앤젤레스에 지어진 대형 콘서트장이다. 일정 지연과 더불어 예산이 엄청나게 늘어난 데에는 형태가 복잡한 이 건물의 시공도면을 다른 회사가 그렸다는 사실도 영향을 미쳤다. 그 회사는 전형적인 방식을 활용했기 때문에 게리의 곡선과 돛단배 같은 형태를 시공할 가장 효율적인 방식을 분석하고 재현해낼 수가 없었다. 게리는 다시 도면 작업을 하면서 실시 도면을 그릴 때 개발했던 소프트웨어를 사용했다. 그는 내게 말했다. "컴퓨터가 하는 일은 우리를 어른으로 만드는 거야. 옛날에는 의뢰인이든 건설 회사든 우리를 아이 취급했다네. 우리가 놀이터에서 모래성을 쌓고 있으면 그들이 와서 말했지. '너희들이 실제로 뭘 할 수 있고 그걸 어떻게 하는지는 우리 어른들이 말해줄게'라고 말이야. 이젠 우리가 그들한테 말할 수 있게 됐어. '아니요, 당신은 이렇게 해야 합니다. 이렇게 해야 해결할 수 있어요'라고 말이야. 아주 자유로워졌지."

이것이 바로 컴퓨터 기술에 담긴 희망이다. 컴퓨터 기술은 자기가 하는 일에 확신을 지닌 사람이 데이터를 바탕으로 효율적이면서도 흥미로운 형태를 불가능해 보이는 수준까지 발전시킬 수 있게 해준다. 이런 작업은 여러 종류의 브리콜라주를 대규모로 하는 것과 같으며, 요즘에는 이런 브리콜라주를 할 만한 장소로 홈 디포보다 아마존이 더 적합할지도 모른다. 하지만 문제는 모두가 똑같은 기술을 활용한다는 점이다. 우리는 무엇을, 누가, 왜 짓는지 어떻게 결정하게 될까?

39

전술적 도시주의*를
실천하는 법

택티컬 어버니즘(tactical urbanism): 하향식(top-down)의 '전략적(strategic)' 도시계획과 대비되는 현장 중심의 상향식(bottom-up) 도시적 실천을 일컫는 말. 게릴라 어버니즘, 팝업 어버니즘, 사용자 주도(DIY) 어버니즘 등으로도 불린다.

달리 말하면 컴퓨터가 가져온 그 엄청난 힘에는 도덕적이고 윤리적인 차원이 존재한다. 엠비알디비는 2000년부터 2001년까지 그들의 상상적 시나리오 중 하나인 피그 시티(Pig City)를 설계하면서 이런 차원을 파악했다. 당시 네덜란드는 인구 1인당 기르는 가축의 수가 유럽에서 가장 많은 나라였다. 네덜란드인들은 돼지를 공장 같은 우리와 도살장에 가두고 끔찍하게 다뤘으며, 농장에서는 체중과 건강 상태를 극대화하기 위해 사용한 화학약품과 가축배설물로 인해 엄청난 양의 오염물이 생겼다. 엠비알디비는 모든 농장을 인간의 주거지에서 멀리 떨어진 로테르담 항구의 타워들로 옮겨 동물들이 빛과 공기를 쐬게 하고 배설물은 중앙 집중적인 방식으로 처리하자고 제안했다. 당시 의회와 대립하는 캠페인을 전개하는 포퓰리즘 정치인이었던 핌 포르타윈은 텔레비전에 나와서 이런 엠비알디비의 제안이 좋은 아이디어라고 말했다. 그러자 이를 전해 들은 한 정신이상자가 자극을 받고 (이 밖에 다른 이유로 말미암아) 포르타윈을 총으로 쏴 죽이고 말았다.

어떤 시나리오나 형태도 결코 중립적이지 않다. 모든 건 선택의 결과물이다. 심지어 컴퓨터나 천재 건축가가 최적의 시나리오나 형태를 주장할 때조차도, 그런 주장은 그와 다른—예컨대 공장식 돼지 사육 자체를 금지한다든가 하는—대안이 실현되지 않을 것임을 뜻한다. 우리는 좋거나 중요하다고 생각하는 것들의 중요성을 어떻게 판단하는가? 심지어 그것이 최적의 안이 아니라면 어떻게 해야 하는가? 우리는 그저 건축을 더 효율적으로 만드는 법만이 아니라, 우리가 건축을 만들고 있는 이유를 어떻게 이해하는가?

건축의 전통이 여전히 제 역할을 하는 곳이 한 군데 있다. 건축의 여러 전통은 과거에 건축가들이 어떻게 결정을 내렸는지 보여줌으로써 우리를 인도한다. 결국 건축은 건물을 설계하는 방식이기 이전에 세계를 보고 인식하는 방식이다.

현재 취리히에 거점을 둔 어번-씽크 탱크(Urban-Think Tank)*라는 건축사무소는 베네수엘라의 수도 카라카스에 있는 동안 그곳의 도시계획이 대체로 잘못되고 있음을 깨달았다. 사람들이 원하지 않는 동네와 아파트를 조성하는 카라카스 도시계획은 주민이 직접 조성한 동네(self-built neighbor-hood)는 말할 것도 없고 여가나 불법 행위 또는 부정 거래를 위해 다른 지역을 점유하는 현상이 일어나리란 예상도 못하고 있었다. 계획가와 정치인은 이런 현실을 외부인의 관점에서 하향식으로 바라본다. 컴퓨터에서 모든 현실을 데이터로 환원해 최상의 공간 용도를 계산하는 모델은 외부 전문가

건축가 알프레도 브릴렘버그와 후베르트 클룸프너가 1998년 베네수엘라의 카라카스에 설립한 학제적인 건축사무소. 2012년에는 한국에도 잘 알려진 토레 다비드(Torre David)에 대한 연구 및 기록 작업을 진행했는데, 카라카스의 이 45층짜리 타워는 원래 상업 건물로 개발되었지만 개발업자가 사망하면서 10년 넘게 방치되다가 2007년부터 빈민들의 불법 점거가 시작되어 1천 세대 이상의 공동체가 형성된 곳으로 유명하다. 어번-씽크 탱크는 2015년에 애런 베츠키가 큐레이터를 맡은 선전-홍콩 바이시티 도시건축 비엔날레에도 참여했다.

들이 어떤 영역을 내려다보며 그곳과 그 주민들에게 최상의 안을 정해주려 하는 하향식 접근의 또 다른 예일 뿐이다. 어번-씽크 탱크는 이런 접근을 따르지 않고 주민이 직접 조성

한 동네인 파벨라(favela) 중 한 곳에 카드놀이용 탁자를 하나 설치하고 사람들이 원하는 바를 들어보았다. 아이들에게는 이곳 사람들이 어디서 일하고 노는지 그림으로 그려보라고 했다. 주변을 돌아다니면서 사람들이 재료와 땅을 어떻게 활용했는지도 살펴보았다. 기존 환경에서 가능성이 존재하는 곳을 살펴본 것이다.

어번-씽크 탱크는 그렇게 얻은 정보를 자신들이 만든 프로그램에 입력했다. 결국 추상적이지 않은 구체적 정보를 담은 '열지도(heat map)'를 만들어냈는데, 이는 어떤 영역들이 사용되고 있는지, 어디에 마찰이 존재하는지, 어디에 성장할 공간이 있는지를 보여주는 지도였다. 또한 소셜 미디어를 활용해 사람들을 서로 연결했고, 영화를 만들어 동일한 소셜 웹사이트에 게시했으며, 건물과 일부 기반시설을 제안하기도 했다. 하지만 무엇보다 그들이 남긴 가장 큰 교훈은 건축이 전통적인 지식과 기술을 활용해 자신들이 살 곳을 짓고, 기존 공간을 개방하는 기술을 활성화할 수도 있다는 점이었다.

나는 그들이 옳았다고 생각한다. 컴퓨터는 단지 데이터를 저장하고 조작해서 형태를 만들어내는 역할만 하는 것이 아니다. 컴퓨터는 무언가 연결하고 활성화하는 수단이 될 수도 있다. 나는 온라인의 진정한 최전선은 소셜 미디어라고 생각한다. 내가 이 글을 쓰는 동안 미국에서는 '포켓몬 고' 열풍이 막 일기 시작했다. 가상의 피조물이 도시 전역에 등장하고, 사람들은 환경의 일부를 완전히 새롭게 발견하게 되었다. 아울러 성인 사이트는 (신기술이 적용되는 가장 강력한 영역인 게임 사이트와 함께) 술집과 레스토랑 같은 전통적인 '회합의 지점' 없이도 사람들을 서로 연결한다. 게임 문화는 호주에서도 알래스카에서도 모든 사용자가 같은 공간을 점유하는 가상세계를 만들어내고 있으며, 그들은 한 번에 몇 시간에서 며칠씩이

전술적 도시주의를 실천하는 법

나 그 공간에 머무르곤 한다. 이런 기술로 인해 공간을 인식하고 사용하고 짓는 방식이 어떻게 바뀔지 알 수 없지만, 어떻게든 바뀔 것이란 사실은 안다. 새로운 풍경이 나타나고 있으며 우리는 그 속에서 어떻게 살지, 그곳들을 어떻게 표시할지, 그것들을 어떻게 자신의 것으로 만들지 파악해야 한다. 중요한 것은 소셜 미디어나 기타 사이트들이 가상이라 할지라도 인간을 연결하는 기술로서 기능한다는 점이다. 그만큼 나는 이러한 기술이 컴퓨터로 매끈한 형태를 만드는 용도보다 사람 사이를 이어주고 우리의 (실제 또는 투영된) 세계와 연결된 좋은 공간을 만드는 용도에 더 좋게 쓰이리라 생각한다.

40

어떻게 계단이
섹시할 수 있을까

그럼에도 불구하고 다시 말하자면, 나는 좋은 건물의 표정과 느낌과 냄새를 사랑한다. 직접 만질 수 있는 무엇에서, 손가락과 발끝에 반응하는 무엇에서 우리에게 놀라움을 선사하는 건축의 본질적 특성이 구현되기 때문이다. 루이스 칸이 뉴햄프셔의 엑서터에 설계한 도서관에는 곡선형 계단이 하나 있는데, 이 계단은 디딤판과 측면, 난간을 모두 같은 석재로 만들면서도 저마다 접촉하는 신체 부위에 맞춰 다른 각도로 광을 냈다. 저렴하지도 효율적이지도 않지만 대단히 만족스러운 제작 방식임은 분명하다.

그 외에도 이러한 관능적 즐거움을 느낄 수 있는 사례는 많은데, 때로는 이것이 죄의식을 동반한 악마의 유혹처럼 느껴질 수도 있다. 이런 작업은 대체로 비싸고 품이 많이 들어서 부자들이 살거나 그들이 짓는 건물에서 이뤄지는 게 보통이기 때문이다. 때로는 데이비드 아일랜드와 시에스터 게이츠처럼 수수한 중고 재료로 이런 작업을 하는 건축가도 있다. 하지만 아직 우리에게는 대리석과 하드우드 작업에 비견될 정도로 중고 재료를 다룰 만한 전통이나 기술이 충분하지 않다. 이것 또한 건축이 당면한 과제 중 하나다.

41

건축이 경외감을
불러일으키는 순간

모든 것을 넘어선 경지에는 오로지 경외감만 존재할 뿐이다. 건축가들은 두 눈이 휘둥그레지고 입이 떡 벌어지며 경이로 가득한 순간을 만들어내길 꿈꾸지만 실제로 그런 순간을 만들기란 쉽지 않다. 경외감은 필요한 것, 옳은 것, 효율적인 것 그이상의 무엇을 만들어내게 하는 유일한 요인이다.

경외감은 지극히 심오한 개인적인 감정이지만, 경외감을 일으킬 수 있는 요소들은 분명 존재한다. 예를 들면 이런 것이다. 건물의 스케일이 변화하고 조망이 열린다. 공간을 차례로 따라가다 보면 어느새 시야가 탁 트이고 사용된 재료들이 제각각 감각을 고양한다. 때론 건물 전체가 아주 복잡하게 느껴지기도 한다. 이 모든 요소가 많은 사람들에게 경외의 감각을 불러일으킬 수 있다.

하지만 나는 건축을 통해 내가 직접 겪은 경외의 순간들만을 얘기할 수 있고, 몇 가지 예만 들 수 있을 뿐이다. 나에겐 학창시절 그런 경이로운 순간을 적어도 한 번은 경험했던 기억이 있다.

건축대학원에 갈지 말지를 두고 고민하던 당시, 나는 예일 대학교의 아트 앤 아키텍처(A&A) 빌딩*을 둘러보러 갔다. 이 콘크리트 건물은 만인의 사랑을 받는 건물이 아니다. 나도 그 폐쇄적인 외관과 거친 야

Art & Architecture Building. 원래 미술대학과 건축대학이 함께 있었으나 현재는 건축대학만 있다.

수성에 놀랐을 정도다. 건축가 폴 루돌프가 설계해 현재 그의 이름으로 불리고 있는 이 건물은 1961년에 학문과 디자인의 새로운 요새로서, 말하자면 제도실과 스튜디오를 가운데에 층층이 쌓고 그 주위로 타워들을 결집한 성채 형식으로 설계되었다. 루돌프는 잔다듬메로 콘크리트에 거친 질감을 부여해 그 강도와 이질감을 살렸고, 콘크리트가 깨지기 쉬우면서도 견고한 모래를 응축하고 있음을 상기시켰다.

그는 좁은 틈 사이로 건물에 진입하게 한 다음, 실내에서 무려 26가지나 되는 바닥 높이를 경험하게 한다. (실제로 높이가 다른 바닥의 가짓수를 세는 법에 관해서는 논쟁이 좀 있다.) 계단과 반(半) 계단으로 연결되고, 시야가 열렸다 닫혔다 하며, 외팔보 구조와 브리지 구조가 코어와 코어 사이를 잇는 이 건물의 공간들은 일종의 수직 미로라 할 수 있다. 나는 고통을 즐기는 사람처럼 거친 콘크리트를 어루만지며 스튜디오가 이어지는 경로를 굽이굽이 헤치고 다녔고, 내가 그 스튜디오에 속한 학생이 아님을 자각했다. 그러다 결국 옥상에 이르렀는데, 알고 보니 내가 오른 층수는 7개가 전부였다. 내 앞에는 대학교와 도시와 자연경관이 펼쳐져 있었다. 경로를 돌고 돌아 올라온 내 머리는 여전히 빙빙 돌고 있었지만 말이다. 그 모든 복잡함을 통과해 나오는 어려움이 있었기에 나는 짜릿한 해방감을 만끽할 수 있었다.

건축이 경외감을 불러일으키는 순간

42

그런 압축과 해방의 감각은 내가 도쿄 시부야의 어느 호텔 방에 머물렀을 때 경험한 도시의 감각과도 유사했다. 시부야는 상가와 밤 문화가 발달하고 사무소가 밀집한 근린지구로, 몇 개의 지하철 노선이 이곳을 통과해 도심으로 연결된다. 나는 시부야 중심가에 있는 한 삼각형 건물의 방에 묵었다. 건물의 구조는 평범했고 내가 도착해서 묵은 방도 마찬가지였다. 하지만 그런 건 중요하지 않았다. 그곳은 도쿄라는 도시를 가장 강렬하게 경험하기 위한 기계였다는 게 중요했다.

나는 일단 아래를 내려다봤다. 그 밑으로 몇 개의 가로가 만나는 기차역 앞 광장인 시부야 교차로가 바로 보였다. 이 교차로는 도쿄의 밀도를 보여주는 사진에 종종 등장하곤 하는데, 사진가들이 사용하는 거의 완벽한 조감도적 시선이 바로 내 방 창문에서 펼쳐졌다. 신호등이 초록색 신호로 바뀌면 사방에서 군중이 우르르 몰려와 떼 지어 움직이고 서로 섞이면서 합쳐졌다가 반대쪽 보도로 빠져나가는데, 그 패턴은 아무도 예측할 수가 없다. 그건 마치 1분 30초마다 일어나는 도시의 발레와 같았다.

나의 시선은 건물들의 측면을 훑어 올라갔다. 위로 갈수록 건물들이 점점 어두워졌다. 이뿐만 아니라 모든 대규모 도시 광장을 이루는 진정한 건축인 간판들은 내가 충분히 이해하기 어려운 색과 메시지로 활기를 띠고 있었다. 그 뒤로는 층층이

레스토랑이 배치되어 있었는데 그중 일부는 높이가 10층에 달했다. 도시의 모든 표면이 활기를 띠었고, 아주 치밀하게 중첩된 소비의 콜라주가 내 눈앞에서 움직이는 것 같았다.

그중 한 건물의 옥상에서 아이들이 농구와 축구를 하고 있었다. 옥상의 풍경마저도 능동적으로 움직이고 있었다. 나는 계속 위를 올려다봤다. 주변의 타워들은 그 속에 갇힌 숱한 사무직 노동자들과 함께 도시의 야망을 노래하고 있었는데, 바로 그곳의 두 바닥판 사이로 후지산이 보였다. 어두워지는 빛 속에서 그림처럼 눈에 띈 완벽한 형상이었다. 시부야가 짜릿하고 가능성으로 가득하며 위험한 도시의 장면을 번잡하게 보여주는 동안, 후지산은 그곳에 앉아 평온한 자연 그대로의 느낌을 전해주고 있었다.

때때로 건축은 우리가 만드는 건물의 차원을 넘어 번잡한 도시 한복판에서 일어나는 사건 그 자체가 된다. 기능과 형태를 쌓아 올리고, 형상과 이미지가 상호작용하며, 갑자기 그 모든 상자를 해체하고 열어젖혀 공기를 유입시키는 식으로 말이다. 마치 슈뢰더 주택에서 모서리 창을 조작할 때처럼.

번잡한 모든 것을 고요하게 만드는 자연의 감각은 건축가 루이스 칸이 설계한 소크 생물학연구소의 핵심적인 감각이다. 칸은 엑서터에서도 그런 관능의 순간을 만들어낸 적이 있다. 내가 캘리포니아주 라 호야에 있는 소크 생물학연구소를 처음 방문했을 때는 현재의 방문객 센터가 지어지기 전이어서 나무숲을 통과해 건물로 진입해야 했다. 당시에는 정해진 경로가 없었고, 전면에 보이는 낮은 벽 속 어딘가에 입구가 있으리란 느낌만 있을 뿐이었다. 그래서 우리는 각자 알아서 길을 찾았고 몇 발짝 올라가 잡목림 사이의 정문을 통과했다. 그러고는 경외감을 느꼈다. 우리는 트래버틴 대리석으로 포장된 광장 위에 서서 그 앞에 펼쳐진 태평양을 바라보고 있었다. 그 푸르른 바다와 하늘이 하나로 합쳐진 모습을 말이다.

그 광장에서는 모든 것이 우리를 바다로 이끈다. 정작 연구소는 그 바다와 연결되지도 않았는데 말이다. 트래버틴 바닥면은 광장의 시작점 근처에서 물을 채운 정사각형 공간으로 열린다. 이 작은 수조는 하나의 수로로 이어지고, 수로는 바닥 포장재를 깐 직사각형 광장을 길이 방향으로 가로지르다가 대양 속으로 모습을 감추듯 사라진다. 좌우 양쪽으로는 개인 연구실들이 늘어서서 호위 중인데, 그 입면은 풍화가 일어난 목조 패널로 이뤄진 데다 각진 콘크리트 벽체를 통해 우리의 시선을 드넓은 바다로 이끈다. 콘크리트 벽 뒷면엔 아무런 창도 없으며, 벽 앞쪽의 창들은 각을 틀어 독립적인 조망을 얻는다. 연구실들이 위치한 타워는 1층과 2층이 개방되어 있어 타워 뒤쪽의 움푹 팬 중정과 실험실에 지는 그늘까지 시선을 관통시키는 다공성 구조를 갖추고 있다. 아울러 그 뒤쪽 구역의 어둠은 햇빛이 드는 연구소의 중심부를 에워싼다.

광장의 반대쪽 끝으로 걸어가면 물줄기가 폭포가 되어 떨어지고 분리되었다가 합쳐져 다시 벼랑의 중턱까지 샘물이 이어지는 걸 볼 수 있다. 이 연구소는 땅에 뿌리내리고 있으며, 우리의 모든 발걸음과 시선을 기하학적으로 조정한다. 그 모든 것이 하나가 되어 돌과 콘크리트와 물을 처음 만났을 때의 경이감을 심화하면서 무한의 감각으로 우리를 이끈다.

이곳은 그저 틀을 짓는 건축을 넘어, 우리의 존재를 넘어선 무언가에 대한 경험을 다층적으로 심화하며 강화하는 건축이다.

44

오늘날의
에덴동산

건축에서 느끼는 경외감은 자연이 우리가 만드는 그 어떤 것
보다 (더 아름다움은 말할 것도 없고) 더 크고 영구적이라는
자각에서 오는 것만은 아니다. 건축의 복잡성만을 놓고도 우
리는 경외감을 느낄 수 있다. 나는 들보가 기둥과 만나는 방
식, 외팔보 구조의 바닥이 땅 위에 떠 있는 방식, 첨탑이 하늘
로 치솟는 방식, 심지어 문손잡이의 느낌에서도 경외감을 느
낀다. (알바 알토는 내가 문만 열고도 입이 떡 벌어지게 만드
는 데 특출난 건축가다. 그가 세심하게 주조한 곡선형 청동
손잡이에 가죽을 씌워 두곤 했기 때문이다. 이제 그 가죽은
많이 닳아서 편안한 느낌을 준다.)

하지만 결국 건축은 새로운 자연을 만들고자 한다. 건축은 우리
가 점유한 것을 하나의 장소로 재구축한다.
건축은 세계를 우리만의 무엇으로, 함께 소유하는 무엇으로
만든다. 거기에 우리의 감각이 깃들기만 한다면 말이다. 가장
위대한 건축은 종종 새로운 에덴동산이 되고자 한다.

내 생각에 그런 에덴동산에 가장 가까운 장소는 스페인의 알
람브라 궁전이다. 그리스 시대의 신전처럼 여기에도 그 나름의
힘이 있지만, 알람브라 궁전의 모든 정체성은 그 땅에서 나온
다. 이 궁전은 원래 안달루시아 지방의 울창한 계곡과 스페인
의 다른 지방을 분리하는 산맥의 한 지류에 지어진 요새였는
데, 무어 왕조가 수백 년간 (1492년에 축출당하기 전까지) 이

곳을 지배하면서 유원지로 발전했다. 궁전보다 높이 솟아 있는 주변 산맥들은 극적인 풍경을 연출하며, 소형 포탑들 밑으로는 소도시의 파노라마가 펼쳐진다. 게다가 주변 산맥에 수원지가 있어서 무어인들은 계단식 정원을 만들어 물을 흘려보냈다. 물은 단지의 중심을 굽이굽이 흘러 다섯 개의 주요 중정을 통과한다. 그렇게 물길이 독특한 흐름을 만들고, 활기를 부여하며, 사방이 둘러막힌 실외 환경에 냉각 효과를 가져 온다.

벽체가 끊임없이 이어지는 요새 속으로 깊이 들어가 연속으로 이어지는 중정 공간들로 나와 보라. 그럼 건축이 기둥들의 골조로 분해되고, 표면은 자연의 추상적 형태를 모사하며, 기둥들은 겹겹의 아치들과 융합하고, 그 아치들은 이따금 얕은 돔을 채운 더 작은 아치들의 짜임새로 변화하는 걸 보게 된다. 모든 중정의 중심에는 물이 있으며, 얕게 선형으로 흐르는 물은 연못과 분수를 향한다. 공간은 물의 소리와 냄새로 가득하고, 공기는 물을 통과하면서 냉각된다. 식물 모티프와 복잡한 기하학적 형상으로 장식된 타일은 끊임없이 자연을 인공적으로 재현하고, 오렌지나무와 꽃이 만발한 관목은 그 둘러막힌 환경에 진정한 생명의 감촉을 불어넣는다.

우리의 시선은 기하학적 형상들의 주변에서 춤을 춘다. 그늘을 따라가면서도 끊임없이 빛을 바라본다. 건축과 자연이 융합하고 뒤얽혀 다른 무엇이 된다. 이러한 얽힘은 우리가 자연 속에서, 자연을 헤쳐 가는 길을 내려고 처음으로 함께 엮은 천막을 떠올리게 한다. 아마도 이것은 우리가 에덴동산으로 되돌아가는 길이리라. 건축을 따로 떼어내어 해체하고 넓혀서 다시 자연과 엮음으로써, 최초의 순간으로 되돌려 보내는 길 말이다. 천국에서 홀로 벌거벗고 있던 우리가 처음으로 옷을 입고, 이제는 대부분의 창조를 담당하게 된 세계 속으로 우리 자신을 분리해낸 순간으로 말이다.

오늘날의 에덴동산

45

섬세하게, 대담하게, 낯설게 압도하는 법

이렇듯 건축의 핵심에는 그 기원인 동시에 목적으로 존재하는 것들이 있다. 지난 몇 년간 많은 예술가들이 깨달은 바가 있다. 굳이 거주할 수 있을 만큼 복잡한 건물을 짓지 않고도 피난처를 짓는 데 필요한 골조와 형식만으로 경이의 순간을 만들어낼 수 있다는 점이다. 제임스 터렐의 <스카이스페이스> 연작이 한 가지 예다. 이 연작은 내가 수영해서 들어갔던 나파 밸리의 방 만큼이나 예리하게 재단된 이중벽체로 시작한다. 터렐은 벽선 뒤쪽으로 조명을 넣어 뒤쪽 벽체에서 빛나는 공간을 볼 수 있게 만들곤 한다. 그건 존재하지 않는 공간이지만 관찰자의 의식 속으로 흘러 들어가는 가상의 무한한 환영이나 마찬가지다.

이런 기교와 정반대되는 예도 있는데, 미술가 고든 마타-클라크는 1970년대에 전기톱으로 건물을 잘랐다. 건물 안에 마름모꼴의 나선형 구멍을 내 하늘이나 주변 길거리가 엿보이는 균열을 만드는 이색적인 작업으로, 관찰자를 멈춰 세우고 경외감을 느끼게 만든 것이다. 그보다 최근에는 올라퍼 엘리아슨이 그와 아주 유사한 작업을 했는데, 그가 활용한 재료는 빛나는 조명과 유리판, 구체 따위였다. 이외에도 그러한 '낯선 순간(moment of otherness)'에 도달하려는 다른 예술가들의 수많은 사례를 찾아볼 수 있다.

이것이 바로 위대한 건축이 하는 일이다. 때로는 건물보다 예술 작품이 더 건축의 본질에 가까울 수도 있다. 이런 작품들은 일상 속에서 낯선 것을, 우리의 인지 능력을 벗어나는 '타자(他者)'를 찾는다. 우리의 인식을 열어젖히고, 우리가 이해하지 못하는 걸 들이민다. 그렇게 우리에게 어떤 전망을 제공하면서 모든 것의 제자리를 되찾아준다.

당신이 어디 있는지 자각하게 하고 그로써 당신이 어떤 존재인지 질문하게 만드는 건축을 만들 수 있다면, 당신은 이미 위대한 무언가를 창조한 것이다.

섬세하게, 대담하게, 낯설게 압도하는 법

46

나는 건축을 상당히 많이 경험했고, 건축을 사랑한 만큼 거기서 교훈을 얻으려고 노력해왔다. 내 나름대로 열정을 담아 결론을 내리지만 어디까지나 잠정적인 것이며 종종 맘이 바뀌기도 한다. 그러니 이 책에 쓴 것 중 말이 되는 내용이 있다면 얼마든지 활용하시라. 내가 건축대학원에서 처음 배운 교훈이 바로 그것이었다. '맘에 든다면, 훔쳐 쓰라'는 것이다. 결국 가능성의 세계는 제한되어 있으면서도 무한하다. 거의 반세기 동안 건축을 바라보며 살아온 내게는 이제 새 건물이라 해도 대부분 낯익어 보인다. 내가 인식하는 것은 주로 어떤 기법이나 평면, 입면, 이음매 또는 디테일이다.

또한 나는 우리가 건물을 표준화된 방식으로 짓고 있음을 알게 되었다. 우리는 똑같은 구성요소를 활용할 뿐만 아니라 그런 요소들을 가장 효율적이라고 알려진 방식으로 조합한다. 당신은 강철이나 콘크리트 또는 목재를 구조재로 선택할 수도 있고, 유리나 목재 또는 어떤 최신식 복합 재료를 외장재로 선택할 수도 있다. 하지만 그런 뒤에도 그 모든 걸 함께 배치하는 방법은 정말이지 너무도 많다. 더 나아가 그런 선택에는 지켜야 하는 건축법의 제한이 따른다.

결국 건물은 그걸 바라보고 사용하는 이들한테 의미 있게 지어져야 한다. 이 말은 최소한 어느 정도는 알아볼 수 있는 건물을 설계해야 한다는 얘기다. 판에 박힌 마인드의 건축가라면 이 말을 '은행은 은행처럼, 집은 집처럼 보이게 만들어야 한다'는 뜻으로 이해할 수도 있다. 창의성이 없는 건축가라면 '잡지 등의 매체에 나오는 모든 걸 복제해야 한다'는 뜻으로 이해할 것이다.

하지만 똑똑한 건축가라면, 자신이 사용할 재료를 직접 찾아 그걸 다르게 만들 것이다. 훔쳐 쓰기란 어려운 작업이 아니며 좋은 출발점이다. 만약 그럴듯한 게 거기 있다면, 즉 사물을 조립하고 공간을 작동시키는 효율적인 방법이 있다면 그걸 가져와 활용하라. 그다음엔 그걸 더 좋게 만들 방법을 궁리해야 한다. 어떻게 기존의 재료나 건물을 똑같은 작업에 활용할 수 있을까? 어떻게 풍경과의 관계를 바로잡을 수 있을까? 어떻게 평범해 보이는 공간을 좀 더 크거나 편안해 보이게 만들 수 있을까? 어떻게 한 공간에서 다른 공간으로, 또는 바깥으로 시야를 열 수 있을까? 어떻게 빛을 유입시켜 질감을 살릴 수 있을까? 그리고 무엇보다도, 훔쳐 쓰기를 뜻밖의 계시적인 발견으로 이어주는 미지의 어떤 것, 낯설고 다른 그 무엇이 존재한다는 사실을 어떻게 깨달을 수 있을까?

이런 고민은 하나의 작은 걸음에 불과하겠지만, 이것이야말로 바로 건축이다.

이 책은 학술적인 진술이나 엄밀한 건축 분석을 표방하지 않는다. 그보다 내가 건축을 사랑하는 법을 어떻게 배웠고 그 과정에서 무엇을 배웠는지를 기록한 책이다.

여기 생각을 이어가기 위해 거듭 참고했던 텍스트들이 있다. 먼저 내가 20세기 건축의 5대 핵심 텍스트로 여기는 책들이 있는데(안타깝게도 21세기에는 핵심 텍스트라 부를 만한 책이 나오는 걸 보지 못했다), 르 코르뷔지에의 『건축을 향하여(Towards a New Architecture)』, 로버트 벤투리의 『건축의 복합성과 대립성(Complexity and Contradiction in Architecture)』, 만프레도 타푸리의 『건축과 유토피아(Architecture and Utopia)』, 알도 로시의 『과학적 자서전(Scientific Autobiography)』, 그리고 렘 콜하스의 『광기의 뉴욕(Delirious New York)』이 그것이다. 이외에도 꾸준히 참조하는 핵심 텍스트가 더 있다. 예를 들어 아돌프 로스의 문집인 『비움 속으로 건넨 말(Spoken into the Void)』, 지크프리트 기디온의 『공간, 시간, 건축(Space, Time, and Architecture)』과 『기계화가 지휘한다(Mechanization Takes Command)』,* 프랭크 로이드 라이트의 에세이들, 그중에서도 특히 「기계의 미술과 공예(The Art and Craft of the Machine)」, 빈센트 스컬리

저자는 원문에서 『기계화가 지휘한다』가 루이스 멈퍼드의 책이라고 썼지만, 이 책은 사실 기디온의 책이라 수정해서 옮겼다. 한편 멈퍼드는 기디온의 이 책이 출판된 1948년에 「인간이 지휘하게 하라 (Let Man Take Command)」라는 제목의 서평을 『토요문학리뷰(The Saturday Review of Literature)』(1948.10.2.)에 기고했다.

의 『땅, 신전, 신(The Earth, the Temple, and the Gods)』과 『너와 양식의 재해석(The Shingle Style Revisited)』 그리고 『미국 건축(American Architecture)』, 존 브링커호프 잭슨의 『장소의 감각, 시간의 감각(A Sense of Place, a Sense of Time)』, 존 서머슨의 『천국의 저택(Heavenly Mansions)』, 스베틀라나 앨퍼스의 『묘사의 기술(The Art of Describing)』, 마이클 백샌덜의 『의도의 패턴(Patterns Of Intention)』, 콜린 로우와 프레드 쾨터의 『콜라주 시티(Collage City)』, 레이너 밴험의 『로스앤젤레스: 네 가지 생태의 건축(Los Angeles: The Architecture of Four Ecologies)』, 마이크 데이비스의 『수정의 도시(City of Quartz)』, 미셸 푸코의 『말과 사물(The Order of Things)』, 앙리 르페브르의 『공간의 생산(The Production of Space)』이 그런 책에 속한다. 최근에는 페터 슬로터다이크의 『구체/영역(Spheres)』 3부작도 상징적인 주요 저작물로써 참고하고 있다.

또한 나는 철학 못지않게 문학에서도 많은 교훈을 얻는다. 무작위로 예를 들어보면, 시어도어 드라이저의 『시스터 캐리(Sister Carrie)』에 나오는 시카고와 뉴욕, 헨리 제임스의 『포인튼의 전리품(Spoils of Poynton)』에 나오는 인테리어, 마르셀 프루스트가 『잃어버린 시간을 찾아서(Remembrance of Things Past)』에서 또는 칼 오베 크나우스고르가 『나의 투쟁(My Struggle)』에서 풀어내는 기억들, 네덜란드에서 자랄 때 물타툴리의 『막스 하벨라르(Max Havelaar)』를 읽으며 연상했던 식민지 인도네시아, 톨스토이의 『전쟁과 평화(War and Peace)』에서 펼쳐진 파노라마들이 있다. 또한 윌리엄 깁슨의 3부작인 『뉴로맨서(Neuromancer)』와 『카운트 제로(Count Zero)』와 『모나리자 오버드라이브(Mona Lisa Overdrive)』, 그리고 특히 어슐러 르 권의 이야기와 같은 공상과학소설도 있다.

영화에서도 영감을 얻었는데, 먼저 <2001 스페이스 오디세

이(2001: A Space Odyssey)>나 그보다 더 일찍 나온 <다가
올 세상의 모습(The Shape of Things to Come)>과 <메트로폴
리스(Metropolis)>, <블레이드 러너(Blade Runner)>, <스타
워즈(Star Wars)> 연작, 그리고 <매트릭스(Matrix)> 3부작과
같은 공상과학영화를 예로 들 수 있다. 또한 세계대전 이후
이탈리아를 꾸준히 관찰한 미켈란젤로 안토니오니 감독의 <
욕망(Blow Up)>과 <여행자(The Passenger)> 같은 영화들, 그
리고 그런 관찰을 똑같이 재구성하되 더 재미있게 만든 자
크 타티 감독의 <나의 아저씨(Mon Oncle)>와 <플레이타임
(Playtime)>도 영감의 원천이 되었다. <배리 린든(Barry Lyn-
don)>이나 <러시아 방주(The Russian Ark)> 같은 영화에서
카메라가 웅대한 건물 위로 움직일 때도 건축을 사랑하는 법
을 배울 수 있었다. <웨스트사이드 스토리(West Side Story)>
를 비롯해 레이먼드 챈들러와 대실 해밋의 누아르 소설을 원
작으로 한 영화들에서는 도시적인 교훈을 얻었고, 프랜시스
포드 코폴라와 잉마르 베리만처럼 장면을 예리하게 구성하
는 감독의 영화들에서는 희망과 위험이 교차하는 가정환경
에 대한 교훈을 얻었다. 그다음엔 늘 내 머릿속에 남아 있는
장면들이 있는데, <시민 케인(Citizen Kane)>의 처음과 마지
막을 장식하는 고전적인 장면들이나 <매케이브와 밀러 부인
(McCabe and Mrs. Miller)>에서 서부의 타운을 건설하는 다
소 어렴풋한 이미지들, 또는 <천국의 문(Heaven's Gate)>에
나오는 댄스홀 장면이 그런 것이다.

최근에는 미국 드라마 <더 와이어(The Wire)>에서 도심을 관
찰하는 법을 배웠고, <더 소프라노스(The Sopranos)>에서는
교외를 관찰하는 법을 배웠으며, <트랜스페어런트(Transpar-
ent)>에서는 나의 과거가 떠오르는 장면들을 발견했다. 요즘
엔 이런 걸 주로 온라인으로 보기 때문에 여러 단편으로 나뉜

형태로 접하게 된다. 여전히 나는 매일같이 웹서핑을 하고, 아키넥트(Archinect)와 데진(Dezeen), 아키텍트매거진(Architectmagazine.com), 아키타이저(Architizer), 아키텍츠 뉴스페이퍼(Architect's Newspaper), 서커펀치(Suckerpunch)를 비롯한 많은 웹사이트의 글에서 뭔가를 배운다.

하지만 나는 무엇보다 학생들로부터 가장 많이 배운다. 학생들이 매일 내놓는 생각들은 늘 놀랍고 문젯거리를 안겨주며, 나를 기쁘게 한다. 뭔가를 배우고 싶다면 누군가를 가르쳐보라. 그 반대도 마찬가지다. 누군가를 가르치고 싶다면 뭔가를 배워야 한다.

어릴 적부터 나는 건축이 중요한 이유를 찾기 위한 길을 걸어
왔다. 이 길에서 영감을 준 스승들이 계시는데, 첫 스승은 부
모님으로 두 분 다 문학 교수셨다. 예일에서 학부와 대학원
을 다니는 동안 나의 사유를 훈련시키며 마음을 열어주신 몇
몇 분들도 계셨다. 위대한 건축역사가인 빈센트 스컬리, 내가
연구 조교를 하며 도운 조지 허시, 예술사학과의 로버트 허버
트와 로버트 페리스 톰슨, 건축대학원에서 건축사를 가르쳐
준 스튜어트 브레데, 그 건축대학원의 원장이자 의전관이었
던 시저 펠리, 내게 현대 문학이론과 철학을 가르쳐준 프레드
릭 제임슨이 그런 분들이다. 예일을 졸업한 후에도 나는 당
시 게티 연구소에 있었던 커트 포스터에게 배웠고, 코넬 웨스
트와 같은 사상가들을 가르치고 남가주 건축학교(SCI-Arc)로
데려온 앤 버그렌, 그리고 앤서니 비들러 같은 분들에게도 배
웠다. 또한 여동생인 세실리아 맥기를 비롯해, 실비아 래빈,
샌포드 퀸터, 마누엘 데란다, 마크 위글리와도 토론하며 유익
한 배움을 얻었다. 법학도였던 하이메 루아는 철학을 가르쳐
주었다. 실무를 익히는 동안 내게 가르침을 준 최고의 멘토는
프랭크 게리였고, 크레이그 호짓스, 밍 펑, 스티븐 해리스도
멘토가 되어주었다. 내게 큰 영향을 끼친 당시의 젊은 건축
가들로는 톰 메인과 마이클 로톤디, 에릭 오웬 모스, 행크 코
닝, 줄리 아이즌버그, 헨리 스미스-밀러, 로리 호킨슨, 고(故)
자하 하디드가 있으며, 아마도 그에 못지않게 중요할 동료 학

생과 친구로는 찰스 딜워스, 필 파커, 닐 디너리, 하니 라시드, 리안 앤 쿠튀르, 톰 부레시, 에드윈 챈, 크리스천 휴버트, 마이크 데이비스, 조 디건 데이, 마이클 벨이 있다. 또한 내게 영향을 준 이론가 겸 건축가로는 가장 대표적으로 레비우스 우즈와 라스 레럽을 들 수 있다. 혼자만의 힘으로 나를 건축의 기율과 그 인간적인 생태학으로 이끌어준 프랭크 이스라엘에게는 특별한 감사를 전한다. 한편 샌프란시스코를 거쳐 유럽으로 거점을 옮기면서 나의 지평은 더 넓어졌다. 샌디 필립스와 마들렌 그린스테인 같은 예술사가들을 비롯해 유럽의 친구들과 동료들 그리고 벤 반 베르켈과 캐롤라인 보스, 비니 마스, 트레이시 메츠, 마르틴 더 플레터, 사스키아 스타인, 티모 더 레이크, 코르 바헤나르, 바르트 로츠마, 한스 이벨링스, 자크 헤어초크와 피에르 드 뫼롱, 나이젤 코츠, 호세 루이스 마테오, 비센테 과야르트, 프랭크 바르코, 레기나 라이빙거, 루이자 허튼, 마티아스 자우어브루흐, 프란체스코 델로구를 만난 덕이다. 최근에는 마르친 슈첼리나와 라디슬라프 지그문트-레르네르, 슈몬 베이사, 올리버 웨인라이트, 저스틴 맥거크, 후베르트 클룸프너, 알프레도 브릴렘버그와 유익한 토론을 하며 아이디어를 얻었다. 그리고 나의 파트너인 피터 크리스천 하버콘은 여전히 내게 최고의 비평가로서 현실 감각을 일깨워주고 있으며, 학생들은 이따금 어려운 질문을 던지면서, 또 어떨 땐 그저 아름다운 작업을 하면서 내게 끊임없는 자극을 주었다. 내가 자기 아이디어를 훔쳐 이 책에 실었음을 알게 될 모든 이들에게, 또한 알지 못할 이들에게도 사과를 전한다. 이 책에서 훔칠 만한 아이디어를 물색하는 모든 이들에게는, 즐거운 사냥이 되길 바란다.

이 책은 '건축이 중요하다'고 말한다. 여기서 '건축(建築)'은 'architecture'의 번역어이고, 우리는 일본을 통해 이 용어를 받아들였다. 아키텍처는 어원상 고대 그리스어 '아르케(arkhe)'와 '텍톤(tekton)'의 합성어에서 유래한 '아키텍트(architect)'의 파생어다. '아르케'는 세계의 '근원'을 뜻하고, '텍톤'은 무언가를 만드는 장인을 뜻한다. '텍-[tek-]'은 '만들다'라는 뜻의 인도유럽어 어간이기 때문에, 여기서 '테크네(tekhne)'라는 그리스어도 유래했다. '테크네'는 예술과 기술의 구분이 없던 고대의 시적인 제작(poiesis) 기술을 가리킨다. 따라서 아키텍처의 요점을 풀어 정리하면 '아르케의 테크네', 즉 '근원을 다루는 시적인 제작 기술'이다. 이 말은 다른 방식으로 정의되기도 한다. '아르케'를 '으뜸'으로 해석하여 아키텍처를 '최고의 예술(기술)'로 정의하기도 하는데, 이런 정의는 여타 예술에 대한 아키텍처의 상대적 우위를 강조한다. 그에 비해 '근원을 다루는 시적인 제작 기술'은 보다 존재론적인 태도를 강조하는 해석이다.

한편 건축역사가 니콜라우스 페브스너는 "자전거 보관소는 건물(building)이고, 링컨 대성당은 건축(architecture)"이라고 말했다. 이러한 구분의 기준은 미적 감흥의 여부에 달려 있다. 자전거 보관소와 달리 링컨 대성당은 미적 감흥을 불러일으키기에 아키텍처라고 말할 수 있다는 것이다. 이때 빌딩(building)은 '건물'이라는 명사적 의미에 국한되고 있지만,

사실 이 말은 무언가를 '짓기'를 뜻하는 동명사이기도 하다. 철학자 마르틴 하이데거가 바로 그런 동사적 의미로 집짓기를 논했는데, 그가 말하는 집짓기란 거주하기(dwelling)와 사유하기(thinking)라는 동사로 이어지는 존재론적 행위다. 즉 인간이라는 유한한 존재자(being)는 하늘 아래 땅 위에 집을 짓고 거주함으로써 존재자의 근원인 '존재(Being)'의 무한성을 시적으로 사유한다는 것이다. 이런 의미에서 빌딩은 단순한 건물이 아니라 존재론적인 '짓기'의 방식이자 '시적 거주'의 기술이 되고, '아르케의 테크네'라는 아키텍처의 의미와 상통하게 된다.

이런 건축의 정의들은 모두 뭔가 '다른' 존재나 감흥을 지향한다. 이 책에서 애런 베츠키가 진솔하게 전해주는 여러 '건축'의 이야기들도 그러하다. 건축은 우리의 일상 속에서 문득 깨달음을 일으키곤 한다. 우리는 지어지지 않은 실험적 건축의 드로잉에서 신선한 충격을 받고, 건축이 전하는 낯선 순간 속에서 무한한 타자의 존재를 느끼며 경외감에 빠지기도 한다. 때로는 그 타자를 기념하는 방식에서 죽음을 부르는 불편한 교조주의를 느끼지만, 자연과 어울리는 건축을 새로운 에덴동산처럼 느낄 때도 있다. 전통적인 기념비들은 개별 건물의 높이와 하늘을 지향하는 '세우기'의 산물이지만, 베츠키는 수평적인 열림과 땅을 지향하는 '모으기'의 건축을 제시한다. 때로는 흙 맛으로 건축의 땅을 느끼기도 하고, 건축이 땅에서 난 재료의 맛과 냄새로 요리하는 감각적인 분야임을 실감하기도 한다. 건축은 인간의 손으로 땅을 변형하는 인공의 작업이지만, 땅을 짓밟고 하늘로 올라서는 마천루가 되기보다 땅을 긁듯이 다듬는 '마지루'를 지향해야 한다는 것이다. 닫힌 상자 형식을 타파하며 장소와 엮인 열린 구조를 만들고, 땅과 함께하는 공동체를 만드는 데 건축의 중요성이 있다는 것이다.

하지만 이런 '타자'에 대한 인식은 순진한 낭만이 아니라 예리한 현실 인식과 엮여 있다. 땅과 함께 살던 슬럼가의 공동체에 하늘로 치솟는 고층건물이 들어서면서 기존의 비위계적인 브리콜라주(다양한 조각들을 그러모으기)가 사라지고, 무분별하게 퍼져가는 획일적인 도시 확산은 다양성을 해치며 우리가 편히 쉴 곳들을 균질하게 없앤다. 이런 획일화에 대한 응답으로 베츠키가 제시하는 게 바로 브리콜라주와 다시 쓰기, 사용자가 직접 참여하는 새로운 도시적 실천이다. 이미 존재하는 다양한 것들을 모아 되살리는, 비전문가라도 누구나 참여할 수 있는 방식 말이다. 이를 가리켜 베츠키는 '전술적 도시주의(tactical urbanism)'라고 부른다. 권력이 주도하는 전략적인 하향식 도시계획이 아니라, 아래에서부터 시민들이 주도하는 실천 방식이기 때문이다. 이렇게 다중이 주체로 참여해 각자의 손재주를 활용하는 실천 방식은 데이터 건축이나 매끈한 블로비즘의 형태주의가 기대는 과학주의와 상반된 것이다. 그래서 베츠키는 컴퓨터 알고리즘으로 만드는 디지털 건축 양식을 21세기의 양식으로 보지 않는다. 그가 말하는 '인공(human-made)'은 기계보다 사람이 만드는 방식에 초점이 맞춰져 있다. 중요한 건 누가 건축을 만드는가, 즉 건축의 주체가 누구인가이기 때문이다.

베츠키는 컴퓨터 기술의 발달이 가져온 위험과 희망을 동시에 인식한다. 컴퓨터 기술의 발달로 '설계자가 필요 없어질 위험'을 인식하면서도, 원래 공상가 취급을 받던 건축가가 컴퓨터를 쓰면서 '어른 대접을 받게 되었다'는 게리의 말에도 공감하는 것이다. 나는 여기서 다시 '타자'의 양면적 문제를 생각하게 된다. 한편에 권력과 밀착한 '초월적 타자'가 있다면, 권력이 밀어내는 '내재적 타자'도 있기 때문이다. 고대부터 아키텍처가 지향해온 '아르케'라는 근원은 인간을 넘어선 초월적 타자로서, 대개는 신이나 죽은 권력자 또는 자연이었다. 그러나 현대의 기술이 날로 발달할수록 마치 그 초월적 타자를 '신격화된 기계'나 '자연과 동일시된 기계'로 대체하려는 듯한 경향이 나타난다. 전통적인 아르케와 테크네 사이의 거리를 없애고 양자를 동일시하는 도착적인 과학주의가 그것이다. 그렇게 인간의 권력과 밀착한 기술지상주의는 아키텍처 내부의 인간 주체를 없애고, 인간 내부의 소수와 빈민을 타자화해 도시에서 몰아내는 주범으로 작동하게 된다. 사실 아르케의 원리가 지배한 고대 그리스부터가 노예제 위에 구축된 사회였다는 점에서, 이미 인간 위에 군림하는 아키텍처의 기술지상주의는 예견된 것인지도 모른다. 그래서인지 베츠키는 추상적인 아르케의 원리 대신 '낯선 순간'에서 타자를 인식하는 구체적 경험들을 얘기한다. 그렇다면 이제 그 '근원'적 타자를 새롭게 정의해보는 게 어떨까? '비인간화된 기술'과 결합한 초월적 권력보다는, 그런 권력이 소외시켜온 평범한 인간과 자연을 건축의 '근본 원인'이자 주체로 다뤄야 하지 않을까? 그러기 위해서 영리한 전술을 펼쳐야 하는 분야가 건축이다. 건축이 중요할 수밖에 없는 이유다.

이 책을 번역하면서 내 뇌리에 남아있는 인상적인 장소의 기억들이 새록새록 떠올랐다.

베네치아의 산마르코 광장에 갔을 때, 한낮의 광장은 인파와 비둘기로 북적대고 있었다. 음악이 울려 퍼지는 네모난 광장에서 산뜻한 위요감을 느꼈지만 그보다 기억에 남는 장면은 광장 한가운데서 비둘기 떼 사이에 서 있던 한 소녀가 파란 하늘을 올려다보며 행복해하던 광경이었다. 그때 그걸 보면서 나는 깨달았다. '이곳이야말로 진정한 광장이구나.'

한번은 안도 다다오가 아와지 섬에 설계한 호텔단지를 방문했다. 석양이 지기 전 수많은 조개껍데기가 박힌 바닥에 얇게 깔린 물 위로 바람이 불었고, 그 넓은 단지 전체에 '쏴아' 하는 소리가 울려 퍼졌다. 조개껍데기를 스치는 물과 그 위를 스치는 바람이 함께 만들어낸 소리는 전혀 예상치 못한 음악처럼 들렸다. 나는 그 음악에 꼼짝없이 사로잡혀 경이감을 느꼈다. 노래하는 물의 냄새를 실은 바람이 내 뺨을 스치는 동안, 멈춰 서서 그 드넓은 인공 단지와 자연의 절묘한 화음을 감상하다가 생각했다. '언젠가 여길 다시 찾아오리라.'

르 코르뷔지에가 설계한 롱샹 성당에 갔을 때도 떠올랐다. 나는 창을 통해 빛이 부서지듯 쏟아지는 그 유명한 성당 내부를 보고 나와 세 개의 종이 매달린 종루로 갔다. 때마침 정각이 되어 종들이 일제히, 서로 다른 박자로 울리기 시작했다. 그 세 가지의 다른 파동이 만들어내던 거룩한 화음에 나는 발을 멈추고 숨을 죽였다. 그때 내 머릿속에서는 방금 보았던 실내의 빛들이 종소리들의 서로 다른 파장에 부서지며 쏟아지는 이미지가 중첩되고 있었다. 종소리의 화음 속에서, 부서진 빛줄기가 음표가 되어 내 머릿속에 악보를 그리는 기분이었다.

어떤 장면이 오래도록 기억되는 요인은 사람마다 다를 테지만, 이런 일련의 순간들을 통해 내가 깨달은 것은 진정한 건축적 경험은 공감각적 경험이라는 점이다. 나의 온몸이 드넓은 자연의 포옹 속에 흠뻑 빠져들었던 순간은 그 공간을 두고두고 기억하게 만든다. 그런 순간은 늘 여러 감각이 함께 어우러지는 색다른 하모니를 전해주기 때문이다. 이 책은 다양한 얘깃거리를 담고 있지만, 내 기억에 가장 깊이 남은 건 저자의 감각적 경험에 관한 얘기들이다. 독자 여러분도 이 책을 읽으면서 자신의 감각적 경험을 떠올려보시기 바란다. 한층 더 풍부한 독서 경험을 하게 될 것이다.

옮긴이의 글

찾아보기

지은이 애런 베츠키(Aaron Betsky)는 건축 큐레이터이자 비평가, 교육자, 작가이다. 미국에서 태어나 네덜란드에서 유년 시절을 보냈으며, 예일 대학교 학부에서 역사·예술·문학 통합과정을 마치고 대학원에서 건축을 전공했다. 프랭크 게리 건축사무소와 호짓스+펑 건축사무소에서 실무를 경험했고, 샌프란시스코 현대미술관 큐레이터, 네덜란드 건축협회 디렉터, 신시내티 미술관장, 제11회 베네치아 비엔날레 건축전 총감독을 역임했다. 2015년부터 2020년까지 미국 위스콘신주 스프링그린의 탈리에신과 애리조나주 스코츠데일의 탈리에신 웨스트에 캠퍼스를 둔 프랭크 로이드 라이트 건축학교의 교장으로 재직했다. 현재는 버지니아 공과대학 건축디자인대학의 디렉터다. 저서로는 20세기 후반의 수많은 현대 건축가와 미학, 심리학, 섹슈얼리티 등에 관한 연구서가 있다.

옮긴이 조순익은 서울에서 태어나 연세대학교에서 건축을 전공하고 전문번역가로 활동 중이다. 제1회 서울도시건축비엔날레『공유도시』시리즈, 부산건축제 및 관련 행사, 『도무스 코리아』, 『건축문화』, 『플러스』등의 간행물을 번역했고, 『건축의 이론과 실천』(2021 근간, 공역), 『모델 시티 평양』, 『정의로운 도시』, 『건축가의 집』, 『현대 건축 분석』, 『현대성의 위기와 건축의 파노라마』, 『건축의 욕망』등 스무 권 여의 번역서가 있다. 『젊은 건축가: 상상하고 탐구하고 조정하다』, 『어떤 집을 지을까?』, 『파사드 서울』, 『시카고, 부산에 오다』등을 영어로 옮겼고, 저서로는 『보는 기계와 읽는 인간: 건축문화 텍스트 읽기』가 있다.

건축이 중요하다

애런 베츠키 지음
조순익 옮김

초판 1쇄 발행. 2021년 3월 15일

펴낸이. 이민·유정미
디자인. 워크룸

펴낸곳. 이유출판
주소. 34630 대전시 동구 대전천동로 514
전화. 070-4200-1118
팩스. 070-4170-4107
전자우편. iu14@iubooks.com
홈페이지. www.iubooks.com
페이스북. @iubooks11

정가 18,000원
ISBN 979-11-89534-16-5 (03540)